扫码看视频・种花新手系列

绣球

初学者手册

— HYDRANGEA —
A BEGINNER'S GUIDE

花园实验室 著

中国农业出版社

目录
CONTENTS

PART 1

绣球是什么样的植物？

绣球概述

绣球原产东亚、北美，在中国的栽种历史较长。因为花形醒目，花色丰富，名字又有着美好的寓意，可以说是深得人们的喜爱。多年以来，在中国栽培的绣球品种并不丰富，仅有几种，类别也集中在园艺绣球一类。

1736年，英国植物学家班克斯从中国把绣球引种到英国，之后在荷兰、德国和法国栽培逐渐普及，并培育出不少优秀的绣球品种。目前，荷兰、德国、美国都有若干著名的绣球专业公司，在亚洲，日本也有专门的绣球育种家从事育种工作。

国外的园艺商店中绣球品种繁多，可以看到许多花色奇异的新品种。盆栽的绣球通常在母亲节上市，作为礼品赠送。而庭院栽培的绣球则除了园艺绣球，还有圆锥绣球、栎叶绣球等，选择很丰富。

随着近几年园艺热潮的升温，我国的园艺从业者和爱好者也重新把目光投向了美丽的绣球花。一些园艺公司和个人苗圃从欧美和日本引入了大量的绣球品种，类别也扩大到圆锥绣球、山绣球、乔木绣球、栎叶绣球等。新奇的品种、多彩的花色和花形，都让人们爱不释手。

在国内绣球普及的过程中，也慢慢发现不同类别的绣球品种既有着相似的共性，又有着很多差异的特性，其在装点花园和美化居室方面更是丰富多彩，充满探索的可能性。

因为绣球的流行在国内为时尚短，目前有很多栽培经验尚待积累和验证，很多品种在引入过程中也会有错版乱版的现象，本书中如果有错误或遗漏，还请读者及专家们指正。

绣球花又叫八仙花，现在我们常见的绣球，基本上都属于虎耳草科落叶灌木。小枝粗壮无毛，单叶对生，叶倒卵形或椭圆形长 7~20 厘米。花期 6~8 月，大型伞房花序，球形或半球形，也有圆锥形，直径可达 20 厘米。萼片大，有白色、粉红色或蓝色，十分美丽。华北常作为室内花卉培养。

绣球主要品种有从东亚的大叶绣球培育而成的园艺绣球，从泽八绣球培育的山绣球，以及来自亚洲北部的圆锥绣球和来自北美的北美绣球和栎叶绣球。

绣球的拉丁文名意思是水罐，也就是说它是一种喜欢水的植物。

绣球花喜温暖不耐寒，露地栽植应种在阳光不直射的背阴处，如大树下或房屋侧面。也可以在草坪、小径边缘集群栽植，或与其他花木搭配形成花径。

萼片　　　　　　　花

我们看到的绣球花，实际上是萼片，中间部分细小的花朵才是绣球的花

绣球的分类

亚洲绣球	园艺绣球	原生大叶绣球经过杂交而成的绣球品种，有的带有山绣球或其他绣球血统。特点是喜水，不耐寒。
	山绣球	大部分从泽八绣球的自然变异选育而成，在日本和欧洲的栽培品种较多。因为形态多变，也用于育种。
	圆锥绣球	从圆锥绣球选育和杂交的品种。花色较少，目前只有红白两种，特点是特别耐寒。
北美绣球	乔木绣球	从乔木绣球选育和杂交而成的品种，代表品种'安娜贝拉'，特点是耐寒，新枝开花。
	栎叶绣球	从栎叶绣球选育和杂交而成的品种，白色为主。特点是植株大，花多。
	其他绣球	其他原种绣球选育品种，欧美国家对于原种绣球情有独钟，例如藤绣球等都有栽培。

从园艺上，又可以分为平顶的花环形绣球和圆球形的花球形绣球。

花环形

中心细小的孕性花周围，是由萼片变化而成的不孕花。看起来好像蝴蝶飞舞。野生的绣球基本都是此种花形。

花球形

　　花朵整体基本都是不孕花，孕性花极少，几乎看不见。野生绣球里偶尔会变异出这种花形，园艺绣球在选育后培育出很多花球形花。

园艺绣球

一般我们在花市和公园常见的绣球都是园艺杂交种，这个种类的花朵硕大，色彩丰富。从花形看有重瓣花、单瓣花、半重瓣花，瓣形有圆瓣、椭圆瓣、细长的星瓣等，而颜色也从白、粉、红、紫、蓝到深蓝、深紫，丰富多彩。

花

多数是花球形，有单瓣和重瓣，花形也有尖瓣和圆瓣等。

植株

地栽可以长到1~2米，也可以控制在花盆中生长。

叶子

多数有光泽,肥厚。

茎

粗壮，下部木质化，有的嫩茎上有红色斑点。

园艺绣球的品种最多，也最常见。花市里在春夏之交有很多绣球苗上市，不过要买到重瓣的品种还需要网购或去专业的园艺店。

重瓣园艺绣球

花市里的园艺绣球

园艺绣球花坛

山绣球

　　山绣球是泽八绣球、虾夷绣球和其他原生绣球选育出的品种，因为来自自然变异，花形、花色很多，最近得到育种家和爱好者的重视。一部分园艺绣球叶也有山绣球血统。

　　山绣球株型娇小，花朵纤细，看起来更富有东方美。山绣球在栽培上比园艺绣球稍难，不喜欢夏天高温多湿，在凉爽的地区会开放得更美丽。因为本身原产地积雪较厚，虽然耐寒，但不能忍受冬季的干旱或西北风。

花

　　多数是平顶花环形，也有花球形。有单瓣和重瓣，花形有尖瓣、圆瓣、条形、心形瓣等多种形状。颜色有蓝色和红色系各种。

叶子

　　多数没有光泽，叶子细长。

茎

　　细长，下部木质化。

植株

　　地栽一般在1米左右，可以控制在花盆中生长。

山绣球有各种花形花色

星形

田字形

重瓣

花火形

无萼片

山绣球紫镶边

圆锥绣球和北美绣球

圆锥绣球原产亚洲北部，花序是圆锥形，因此得名。北美地区的绣球在栽培中著名的是栎叶绣球和乔木绣球'安娜贝拉'。这几种绣球植株高大，适合花园种植，另外耐寒性也较好。

花

开成圆锥形或圆形的花序，以单瓣品种为多，颜色为白色和粉红色。残花保留时间长，可以持续到秋天。

叶子

圆锥绣球的叶子是椭圆形，比园艺绣球小很多；栎叶绣球叶片掌形开裂，更像栎树叶子；乔木绣球'安娜贝拉'的叶子是圆形的。

茎

木质化。部分品种在寒冷地区每年发新枝。

植株

高大，多分枝，地栽时1~2米高。盆栽需要5加仑以上较大的花盆。

乔木绣球'安娜贝拉'是圆形叶子、圆球形大花

圆锥绣球是细长叶子，花序持续很久，在秋季会变成美丽的粉红色

绣球的花园运用

绣球通常给人种植在花盆里的感觉，实际上绣球在花园的运用非常广泛，特别是和宿根植物以及观赏草组合起来，可以制造出丰富多彩的变化。

在落叶树下被绣球花簇拥的小径是花园里一道美丽的风景

绣球最常见的用法是用于阴地花园，也就是 Shade Garden

住宅房屋背后的阳光不好，恰是喜欢半阴的绣球大显身手之处

花园深处大树下不太容易管理到的地方，也适合粗放的绣球生长

纯白的园艺绣球、乔木绣球和白色落新妇、西洋滨菊一起，组成了美丽的白色花园

白色花

乔木绣球品种虽然不多，但是在花园里的运用却十分广，著名品种'安娜贝拉'的白色花球可以造就动人的视觉效果

栎叶绣球植株高大，花序也长，开放起来气势十足。即使只种植一株，也有很强的存在感

栎叶绣球虽然只有白色一种花色，但是开放到后期会变成美丽的暗红色

同样圆锥绣球在秋季变红后的美也是格外动人

组合

红白色品种组合

蓝白色品种组合

更多颜色的园
艺绣球，可以组合
出花毯般的效果

绣球开放的6月也恰好是各种宿根植物开放的时节，搭配不同的宿根植物，让绣球花有了不同的风情。

和竖线条的深蓝鼠尾草搭配，自然清新

和羽毛状的落新妇搭配，柔美浪漫

植株娇小的园艺绣球花苗也可以做成漂亮的组合盆栽。图为利用园艺绣球制作的两组绣球组合

将山绣球的花盆套在大型的陶土花瓶里，
模拟出仿佛日式花道一般的效果

搭配雄黄兰的插画作品

搭配六出花的组合效果

绣球也是著名的切花花材，在专业的花艺师手中，可以制作出这样豪华的大型插花作品

PART 2

绣球的栽培基础

购买方法

幼苗

绣球扦插成活后的小幼苗,只有一根主干和两个大分支,叶子虽然展开,但是还没有开始生长。

幼苗根系还很纤弱,特别害怕缺水,必须细心呵护。

小苗

小苗是幼苗成长到次年春天的苗,一般有两根枝条,有的可能开花。小苗的植株上部一般都比较丰满,但是有时根系并不是那么充实,还需要仔细观察植物的状况来养护,如果开花也尽早剪掉,为植物保存体力。

中苗

中苗是小苗再成长半年到一年的苗,一般根系已经长满加仑盆,有两到三根枝条,一般都可以开花。中苗的根系有时会有盘结的现象,要及时移栽。如果买的时候带有花蕾,就等到花谢后再移栽。

温室开花苗

开花苗很多都是在温室里培养,然后催花而成,这样的苗因为大量使用了开花肥料和激素,植物的体力都集中在花蕾上,最好尽早剪掉残花,保存体力。

大苗 '特大苗'

大苗一般在绣球初夏花期上市，于看完花修剪后移栽。也可以在早春提前到苗木基地购买，立刻移栽，这样就可以当年出效果了。

裸根苗

冬季有时有网购的裸根苗，特别是以圆锥绣球等木本类绣球为主，这种苗处于休眠状态，拿到后尽早移栽到地里，也可以在花盆里养苗一年，次年在下地。不管哪种都要做好移栽后的防寒防风，避免生根前脱水死亡。

Point!

注意不要买到假货！

在实体店铺选择的要点

是否茎干粗壮——选择茎秆粗，没有老化迹象的苗。

是否有叶子发黄——选择叶子油亮，没有黄叶的苗。

是否有病虫害，例如白粉、红蜘蛛等。——选择健康，没有病虫害的苗。

是否株型端正——选择株型平衡，姿态优美的苗。

绣球的种植准备

陶盆或瓦盆

陶盆透气性好，自然优雅，绣球需水量大，使用陶盆的话选用较大尺寸的陶盆，并观察情况及时补水。对透气性要求高、植株又相对较小的山绣球比较适合陶盆种植。

塑料盆

塑料盆轻便，款式多样，容易搬动，但是透气性差，不过绣球整体需水量大，除了特殊品种，塑料盆还是比较合适的。

控根盆

控根盆是在塑料盆的底部开设了透气缝隙的花盆，设计独到，解决了塑料盆不能透气的问题，可以适合于各种绣球。

瓷盆

瓷盆和上釉的陶盆透气性差，沉重不容易移动，比较适合用作套盆。

铁皮盆

铁皮盆透气性差，容易生锈，不适合直接栽培。有从花市买回的绣球花苗，可以临时用铁皮盆套上，待花后换盆。

木盆

木盆的透气性很好，但是很容易腐烂，不适合需要经常浇水的绣球。

种植绣球的工具

铲子

可以准备大型和小型两种铲子，大的用于拌土，小的用于为盆栽松土。

修枝剪

修枝用，相比普通剪刀，修枝剪对枝条的伤害较少，不会发生劈裂等情况。

花剪

剪除残花用，也可以选择头较尖的家庭剪刀代替。

水壶

长嘴水壶较为实用，特别是花盆多，堆放密集的时候用长嘴水壶浇水更方便。

支柱

或者粗铁丝，木棍、竹签也可以，用于支撑花头过大而倒伏的绣球。

喷壶

喷药时用，一般家庭使用1~2升的气压喷壶较为实用。在喷药时最好准备雨衣，口罩和太阳镜。

种植绣球的基质

用土

绣球对土壤要求不算太高，它喜好水分，不能缺水，但不喜欢根系长期处于黏重的土壤里，一般来说，透气排水好、营养丰富的土适合绣球的栽培。

可以用泥炭、珍珠岩、蛭石的三合一基本营养土为基础添加腐叶土、园土或赤玉土，也可使用平时用惯的土。

Point！ **绣球是喜好水分的植物**

特别在夏季如果使用的土壤排水太快，可能坚持不到一天中午就缺水打蔫了。所以在为绣球准备土的时候要多些园土、腐叶土或是蛭石等保水材料。近年来很多花友都喜欢种植铁线莲、月季、绣球，也常常用同样的基质来栽培它们，其实这3种植物中铁线莲要求土壤透气程度最高，而绣球要求保水程度最高。所以我们在配土时可以制作一份基本配方，然后根据植物的需要添加不同的成分。绣球就应该多添加保湿成分。

✔ **适合绣球的基质**

栽培园艺绣球、圆锥绣球和北美绣球：

可用泥炭6份+园土3份+珍珠岩1份；

或赤玉土小粒4份+腐叶土4份+粗沙2份。

栽培山绣球时：

既需要较好的排水，又不可以缺水干透；

可以使用赤玉土或仙土小粒6份+鹿沼土或粗砂4份；

添加园艺缓释肥后，配方土基本可以两年换盆一次。

✔ 常见基质介绍

泥炭

泥炭是远古植物死亡后堆积分解而成的沉积物，质地松软，吸水性强，富含有机质，特点是透气，保水保肥，常见的泥炭有进口泥炭和东北泥炭。泥炭本身呈酸性，一般在使用前会调整到中性。

珍珠岩

珍珠岩是火山岩经过加热膨胀而成的白色颗粒，无吸收性，不吸收养分，排水性好。

蛭石

由黏土或岩石煅烧而成的棕褐色团块，结构多孔，透气，不腐烂，吸水性很强，不含肥料成分。通常与泥炭和珍珠岩配合使用。

赤玉土

来自日本的火山土，呈黄色颗粒状，有大中小粒的规格，保水，透气，常用于多肉栽培，有时也用于扦插和育苗。

园土

来自耕种过的田地的土壤，根据各地情况有黄土、黑土和红土，含有机质的成分也不同。园土容易结块，有时还含有杂菌，用于盆栽最好先暴晒杀菌，打碎成颗粒后使用。

腐叶土

由树叶等堆积腐烂而成，通常呈黑色，富含有机质。

陶粒

陶土烧制的颗粒，常用于水培花卉，大颗粒陶粒也用于垫盆底，防止花盆底部积水。

肥料

冬季底肥

发酵饼肥 7 份 + 骨粉 3 份的混合肥料。施肥适合期为 12 月下旬到次年 2 月上旬，庭院种植只施用一次，量多些，盆栽的话要多几次，少量施用。

庭院栽培：五年生苗或扦插苗种植后第五年 一次性施肥 100 克。

盆栽15厘米盆：5~6克施用2~3次。

盆栽18厘米盆：10克施用2~3次。

饼肥

骨粉

春夏季追肥

花后施用，根据品种开花时期不同，等早花品种 5 月中旬到 6 月，球花绣球等迟花品种 8~9 月上旬。开花结束后 1~1.5 个月施用。肥料可用发酵骨粉或氮磷钾 10–10–10 的均衡缓释肥，每次 5 克左右，施用 1~2 次。

缓释肥

水溶性肥料

作为日常的水肥，生长期大约每 10 天使用一次，按说明书使用。

病虫害

缺铁

病害

在所有园艺植物里，绣球属于病虫害少的一类。细菌性病害一般有灰霉病、白粉病，枯枝、炭疽病，此外还有缺铁造成的黄叶，强烈日照造成的焦边等生理性障碍。

在栽培时注意通风、保持适当的光照，基本上就可以维护绣球的健康成长。万一发现了病害的迹象，就应该立刻采取措施，喷洒药剂、清理病枝病叶。当然，最重要的还是改善绣球的生长环境，避免再次发病。

针对黄叶等生理性缺素，则可以在施肥时加以注意，实在没有把握的，也可以放置不管，冬季追补有机肥料后，黄叶问题通常都会得到改善。

黄叶

焦边

虫害

相对于月季和其他草花，绣球也是害虫较少的植物，说到比较严重的虫害就是春夏之交的红蜘蛛了，还有梅雨期间的蜗牛，也会咬坏开放的花朵，此外秋季偶尔还会有白粉虱。另外扦插绣球和培育小苗时如果用土比较湿润，还会发生小黑飞。

白粉病

红蜘蛛

红蜘蛛 螨虫的一种，非常细小，肉眼基本看不见。数量多，繁殖能力很强，如果看到叶子表面有白色的小点或是缺绿的现象，翻过来叶背面有红色的虫点，就是红蜘蛛了。

红蜘蛛非常顽固，很难彻底消灭，一旦发现应该立刻喷洒药剂，注意叶子正反两面都要喷到。对付红蜘蛛有很多药剂，阿维菌素、金满枝等都不错，可以多买几种轮流用，以免产生抗药性。

蜗牛、鼻涕虫 它们一般在梅雨季节出现，咬伤花瓣。对付它们一般是手工捉除，或是用杀螺剂捕杀。

白粉虱 秋季在整个花园里出现，危害各种植物，可以用吡虫啉喷洒杀灭，也可以挂黄板来诱杀。

小黑飞 在湿润营养丰富的土壤里出现，绣球在扦插时湿度高，很容易出现小黑飞。小黑飞也可以用黄板来诱杀。

黄板是什么？

一种粘板，农业上用来诱粘害虫。也叫环保捕虫板。

它的原理是根据害虫趋色性原理，将环保专用胶涂抹于捕虫板上，当害虫撞击捕虫板时，板上的胶即将其粘住，不久害虫便会死亡，从而达到除虫的目的。

黄板对诱捕蚜虫、螨类、斑潜蝇、蓟马等成虫有特效，广泛应用于绿色蔬菜生产、花卉种植、茶叶种植、果树栽培等行业。

根据虫子喜好的颜色，有黄色、蓝色、黑色等。

绣球的调色

绣球花和其他园艺植物有一个很大的不同之处就是它的花色会根据土壤的酸碱度而发生变化。

一般来说，偏碱性的土壤开出的绣球花呈现红色，偏酸性的土壤开出的绣球花呈现蓝色。

例如我国长江流域大部分地区土壤呈碱性，国外著名的蓝色绣球品种'无尽夏'在正常的管理下都会开出粉色的花，要想让无尽夏开出目录上那种清澈的蓝色，就需要进行人工调色。

人工调色的方法通常是使用硫酸铝的100倍溶液，在叶子长出，花蕾开始出现的时候进行浇灌，大约浇灌4次。最近网上有些绣球专卖店也开始出售专用的绣球调色剂，更方便使用。

粉色无尽夏

经过人工调色，绣球开出的花就会呈现蓝色了。但是在家庭栽培时因为各种条件的复杂性，有可能调色不能达到满意的效果，例如会开出蓝粉之间的淡紫色花。

蓝粉之间的紫色无尽夏

蓝色无尽夏

PART 3

12 月管理

1 Month
月

关键词：防风

工作要点

✓ 是否做好寒潮时的防风防寒工作？

✓ 是否开始冬季施肥？

✓ 是否需要休眠枝扦插？

1月是一年中最寒冷的季节，要特别防止西北风对绣球的侵害。如果下雪，反而对绣球是一种保护，所以说绣球是怕风不怕雪

植物的状态：落叶休眠

进入一年中的严寒期，绣球在这样寒冷的季节里孕育着春夏之交的美花。一月的寒冷之外，更麻烦的是刮西北风，绣球虽然说是比较耐寒的植物，但是干燥的西北风会把枝条吹到脱水，另外空气湿度低也会造成枯枝。有些枝条柔弱的绣球或是山绣球的细枝会受损，小苗也容易受冻死亡。

1月偶尔会下大雪，厚厚的积雪好像棉被一样，反而是适合绣球的，防止西北风才是当务之急。特别是多风干冷的地区要注意防寒。

绣球的扦插一般来说都很容易，但也有一部分不容易扦插的品种，例如栎叶绣球和一部分山绣球，这时就可以利用休眠枝来扦插。剪取带有一到二个芽的枝条做插穗，最好用去年新生的枝条。扦插用土一般用蛭石或赤玉土、鹿沼土等颗粒土，扦插后充分浇水，放在不会冻结的室内窗边，保持土壤湿润，等待春天萌发。

1月 园艺绣球**管理** ················

盆栽的放置地点

放在避风的屋檐下。即使照不到阳光也可以。部分绣球会因为空气湿度低而枯枝，注意不要太过干燥。

浇水

表面干燥后充分浇水。

肥料

12月下旬到次年2月上旬都适合给予冬肥，冬肥以有机肥料为宜，也可以使用缓释肥，但是对秋季以后新种的苗不要施肥。

冬肥

发酵饼肥7份＋骨粉3份，混合均匀后，盆栽15厘米盆施10克，18厘米盆施20克，庭院地栽苗施100克。

整枝、修剪

参考冬季修剪的要领进行疏枝修剪，因为园艺绣球的花芽多着生在枝条顶端，如果对全部植株修剪，就可能剪掉花芽，明年就开不了花。

种植、翻盆

南方地区适合大苗的移栽和栽种，寒冷地区要等到开春以后。

扦插

可以进行休眠枝扦插。

有的园艺绣球枝条会因为西北风太过凛冽而干枯死去，在冬季修剪时可以剪掉这样的枝条

1_月 山绣球管理 ••••••••••••••••••••••••••

盆栽的放置地点

放在避风的屋檐下。即使照不到阳光也可以。具有山地绣球血统的山绣球会因为空气湿度低而枯枝，如果太过干燥，就要用稻草或是无纺布裹住植株来防寒。

浇水

表面干燥后充分浇水。

肥料

12月下旬到次年2月上旬都适合给予冬肥，这时给予有机肥料，但是对秋季以后新种的苗不要施肥。用饼肥7份＋骨粉3份，混合均匀后，盆栽15厘米盆施10克，18厘米盆20克，庭院地栽苗100克。

整枝、修剪

参考冬季修剪的要领进行疏枝修剪，因为山绣球的花芽多着生在枝条顶端，如果对全部植株修剪，就可能剪掉花芽，明年就开不了花。

种植、翻盆

南方地区适合大苗的移栽和栽种，寒冷地区要等到开春以后。

扦插

可以进行休眠枝扦插。

山绣球对过低的空气湿度很敏感，最好能放到避风的地方，寒潮来临时再加一些保护

1月 圆锥和北美绣球管理 ·················

盆栽的放置地点

向阳处，圆锥绣球和北美绣球的耐寒性都很强，除非是幼苗或是秋季栽种的苗，一般无须特别担心。

浇水

表面干燥后充分浇水。

肥料

12月下旬到次年2月上旬都适合给予冬肥，这时给予有机肥料，但是对秋季以后新种的苗不要施肥。用饼肥7份+骨粉3份，混合均匀后，盆栽15厘米盆施10克，18厘米盆施20克，庭院地栽苗施100克。

整枝、修剪

可以进行较强幅度的修剪。

种植、翻盆

南方地区适合大苗的移栽和栽种，寒冷地区要等到开春以后。

扦插

可以进行休眠枝扦插。特别是平时不容易插活的栎叶绣球，特别适合这个时期用休眠枝条扦插。

有的园艺绣球枝条会因为西北风太过凛冽而干枯死去，在冬季修剪时可以剪掉这样的枝条

41

关键词：疏枝修剪

工作要点

✓ 是否完成冬季施肥？

✓ 是否做好寒潮时的防风防寒工作？

2月下旬可以看到枝条冒出了嫩芽，在嫩芽上部的枝条就是因为寒冷而冻死了

植物的状态：休眠，芽头膨大

春节期间还是十分寒冷，立春后逐渐感觉到春意，雨水也变多。绣球的木本内部已经从休眠中醒来，开始等待发芽的日子。跟上月一样，西北风来临时要防寒、防风。

2月下旬，白天有时温度会上升到十多度，人体可以感受到春天的气息，但是因为毕竟还在冬季，突如其来的寒风吹袭会导致枯枝，或是最顶部的花芽枯萎。在即将到来的春天前，切记不要疏忽大意弄伤花芽。

施肥在2月上旬完成，不然气温升高后就不适合再使用有机肥了。

修剪

绣球不是必须冬季修剪的植物，甚至可以说修剪必然伤到花芽。冬剪主要是针对枯病枝条，内部过度密集的枝条和向外伸得过长的枝条。如果通风不好，可能发生白粉病，所以对过密的植株还是修剪为宜。

在过冬的时候时常会有枝条全部或部分枯死，冬季修剪时把它们剪掉，保证了植株美观，也避免浪费营养。

2月 园艺绣球管理 ············

盆栽的放置地点

同1月一样，放在避风的屋檐下，即使照不到阳光也可以。

浇水

盆栽在土壤表面干燥后充分浇水，地栽不用浇水。

肥料

冬季施肥工作应该在2月上旬完成，有机肥天然环保，对植物和土壤也有好处，最好使用有机肥。一般用饼肥7份＋骨粉3份，混合均匀后，15厘米盆施10克，18厘米盆施20克，庭院地栽苗施100克。如果忘记施肥拖到气温升高的下旬，为了防止烧根，要改为施之前1/2~1/3的量，以后再补充液态肥或缓释肥。

整枝、修剪

参考冬季修剪的要领进行修剪，主要是剪掉寒冬枯萎的枝条和不需要的细枝条。

种植、翻盆

南方地区适合大苗的移栽和栽种，

寒冷地区要等到开春以后。

扦插

可以进行休眠枝扦插。

在枯萎的叶子里可以看到日益膨大的芽头，这就是春季的花芽

2月 山绣球管理 ••••••••••••••••••••••••••••••••••••

盆栽的放置地点

同 2 月一样，放在避风的屋檐下，即使照不到阳光也可以。山绣球枝条纤细，要特别注意避免西北风吹袭而造成脱水。

浇水

盆栽在土壤表面干燥后充分浇水，地栽不用浇水。

肥料

冬季施肥工作应该在 2 月上旬完成，15 厘米盆施 10 克，18 厘米盆施 20 克，庭院地栽苗施 100 克。如果忘记施肥拖到气温升高的下旬，请改为使用缓释肥。

整枝、修剪

参考冬季修剪的要领对枯枝、细弱枝进行修剪。

种植、翻盆

南方地区适合大苗的移栽和栽种，寒冷地区要等到开春以后。

扦插

可以进行休眠枝扦插。

山绣球的花芽非常细弱，不小心就会在冬季冻死

2月 圆锥绣球和北美绣球**管理** ·······

盆栽的放置地点

　　同 1 月一样，放在避风的屋檐下。圆锥绣球和北美绣球都喜好较多的阳光，最好放在能照到阳光的地方。

浇水

　　盆栽在土壤表面干燥后充分浇水，地栽不用浇水。

肥料

　　冬季施肥工作应该在 2 月上旬完成，有机肥天然环保，对植物和土壤也有好处，最好使用有机肥。一般用饼肥 7 份＋骨粉 3 份，混合均匀后，15 厘米盆施 10 克，18 厘米盆施 20 克，庭院地栽苗施 100 克。如果忘记施肥拖到气温升高的下旬，为了防止烧根，要改为施原来 1/2～1/3 的量，以后再补充液态肥或缓释肥。

整枝、修剪

　　参考冬季修剪的要领进行疏枝修剪，乔木绣球中的'安娜贝拉'为新枝开花，可以修剪到地面。

种植、翻盆

　　南方地区适合大苗的移栽和栽种，寒冷地区要等到开春以后。

扦插

　　可以进行休眠枝扦插。

圆锥绣球的芽点也在慢慢膨大，但是它的发芽会比园艺绣球晚一些，花期也晚一些

45

Month
3
月

关键词：移栽

工作要点

✓ 是否完成了移栽？

各种绣球都开始萌芽，除了从上边的枝条顶端，有时从植株基部也会发出新芽。这些芽头当年不会开花，但是可以长成来年的主力开花枝

植物的状态：新芽萌发

3月在长江流域雨水多，天气也一天比一天暖和，北方地区则处于春寒料峭，有时还会下雪。这时绣球根部开始活跃起来，新芽也发出来，3月中旬过后就完全进入春天，玉兰和樱花开放，绣球的枝条也全部萌芽。

要注意迟来的晚霜和寒潮，有时突如其来的寒潮会把花芽冻掉，切忌避免这样的悲剧发生。

本月种植、移栽的工作很多，这些工作进入4月后就不再能进行，虽然很辛苦也不可以懈怠。

栽种、移栽都适宜进行，这几项工作需要在落叶期完成，但是寒冷地区和小苗因为要避免前段冬季的严寒，现在就是完成移栽工作的好时机了。

此外，还可以硬枝扦插各个品种的绣球，如果用带有花芽的插穗，当年就可以看到开花。对大株的绣球也可以进行分株，用铁锹挖出植株后，再用园艺剪刀剪开，注意每个分株部分都要带有根系。有的大株绣球长得太大，木制过硬不好分株，可以用锯子锯开分株。

3 月 园艺绣球管理 ⋯⋯⋯⋯⋯⋯⋯⋯

3 月是桃花、李花、樱花、球根、草花盛开的时节，默默生长的绣球花可能得不到我们的注意，为了绣球 6 月的花期，在观赏其他春花之余不要忘记关注绣球的生长状态。

盆栽的放置地点

因为绣球已经开始萌芽，一直放在背阴处会导致萌发的新芽变得软弱，需要放到太阳下管理，只有在寒潮时再收回到避风处。

浇水

盆栽在土壤表面干燥后充分浇水，地栽不用浇水。

肥料

不施肥，如果上月冬肥施得不够或是忘记施肥，可给予缓释肥。

整枝、修剪

不修剪，此时今年绣球花芽已经形成了，修剪会导致不开花。

种植、翻盆

移栽的好时候，特别寒冷的地区除外。翻盆或盆栽苗下地都应该先打散最外圈的土层，去掉部分根系。如果不去掉这层根系，越是壮苗越容易盘根。新根就不易长出。根系盘结得太紧密如果直接栽下去还会发生烂根，所以必须打散部分根系。翻盆的话也不是光加大花盆，还要换土，让根系习惯新的土壤，就可以持续健康生长了。地栽也一样。

扦插

可以进行硬枝扦插，本月适宜所有绣球品种的扦插，有时剪下的枝条带有花芽，还会在今年就开花。

刚刚萌发的园艺绣球新芽，根据绣球品种不同，新芽的颜色也不一样，有的是嫩绿色，有的则是深红色。图为'纱织小姐'的新芽

47

3月 山绣球**管理** ••••••••••••••••••••••••••••••••

盆栽的放置地点

从本月中旬开始部分山绣球已经开始萌芽，最初可以放在背阴处，一旦新叶长出就最好放到太阳下管理。

浇水

新芽展开后比休眠期需要更多的水分，仔细观察，一旦发现表面干燥就要补水。

肥料

不施肥，如果上月冬肥施得不够或是忘记施肥，也可给予缓释肥。

整枝、修剪

不修剪，此时今年绣球花芽已经形成了，如果修剪会导致不开花。如果发现不能萌芽的枯枝，则可以从健康芽头上方剪去。

种植、翻盆

移栽的好时候，特别寒冷的地区除外。翻盆或盆栽苗下地都应该先打散最外圈的土层，去掉部分根系。

从旧枝条上萌发的新芽，一不小心就会碰掉，所以路过时一定要当心

3月 圆锥绣球和北美绣球**管理** ....

盆栽的放置地点

同1、2月一样，放在避风的屋檐下。圆锥绣球比其他绣球品种需要更多阳光，请及时拿到向阳处管理。

浇水

新芽展开后比休眠期需要更多的水分，仔细观察，一旦发现表面干燥就要补水。

肥料

不施肥，如果上月冬肥施得不够或是忘记施肥，也可给予缓释肥。

整枝、修剪

一般不修剪，此时今年绣球花芽已经形成了，修剪会导致不开花。

种植、翻盆

移栽和下地的好时候，特别寒冷的地区除外。具体参照栎叶绣球的下地一章。

在园艺店里出售的栎叶绣球花苗，因为冬季放在温室里，萌发得比正常早。买回家后应该立刻移栽下地

工作要点

✓ 是否检查了病虫害，特别是灰霉病和红蜘蛛？

✓ 需要调色的绣球是否开始了浇灌硫酸铝溶液调色？

在户外的花园里，栎叶绣球开始萌发新叶，比起在温室里发出的叶子，自然的新叶看起来更加鲜嫩

植物的状态：新芽生长

百花齐放、春意盎然的 4 月，绣球的花芽日益膨大，新叶不断生长，充满新生的希望。另外新生的绣球新芽非常幼嫩，如果在操作时不小心，也会碰伤或碰掉幼芽，在工作时尽量避开绣球的幼芽。

在南方地区的花市里有时已经有温室里培育的绣球开花苗出售。这些花苗多数开自加温的温室栽培，有时还会使用激素促进开花。能够看着花购买绣球不会发生错苗的事情，但是也要注意两点：一是这些花苗拿回家最好不要立刻下地或露天管理，而是放在阳台或窗台缓苗一段时间，等花开完毕修剪之后再换盆或下地。二是专业公司的绣球土壤可能经过调色，也就是说，今年你眼睁睁买到的蓝色绣球花，明年它可能开出粉色花来。

绣球的新芽膨大到发出新叶时就像幼小的婴儿，非常敏感脆弱，这时除了浇水以外，不可以进行其他的修剪、移植、施肥等活动。

另外有一个花友们很关心的问题是绣球的调色，需要调色的绣球在发芽之后就可以开始进行这项工作了，一般是开始萌发时浇灌一次硫酸铝 100 倍液，在花蕾出现后再每隔 10 天浇一次，直到开花。注意不要喷到新生的叶片上，免得烧坏叶片。南方绣球萌发早的，也可以再早一点开始。

4_月 园艺绣球管理 ········

盆栽的放置地点

放在能够充分照到阳光的地方，本月是新芽生长的时候，为了避免缺光而长成豆芽菜，一定要放在向阳处。经常有人认为绣球是耐荫的植物而把它长年放在阴处，这样的绣球不仅开不好花，还可能病弱死亡。

浇水

新芽展开后比休眠期需要更多的水分，仔细观察，一旦发现表面干燥就要补水。这时如果缺水造成芽头蔫萎，对植物是很大的伤害，必须给予植物比冬季更细心的关注。

肥料

不施肥。

整枝、修剪

不修剪。

种植、翻盆

不适宜，如果从花市买回绣球的开花苗，也要等到花谢修剪后再换盆。

扦插

不适宜。

病虫害

叶子背面偶尔有红蜘蛛发生，发现后尽早驱除。

在温室或室内培育的苗会发生灰霉或白粉病，要及时清除残叶残花，并喷洒杀菌剂。特别是花市新买的苗要注意观察。

4月开始有很多温室园艺绣球上市，可以根据自己的喜好挑选中意的盆栽苗

51

4_月 山绣球管理 •

盆栽的放置地点

放在能够充分照到阳光的地方，本月是新芽生发的时候，一定要放在向阳处。

浇水

新芽展开后比休眠期需要更多的水分，仔细观察，一旦发现表面干燥就要补水。

肥料

不施肥。

整枝、修剪

不修剪。

种植、翻盆

不适宜。

扦插

不适宜。

病虫害

蚜虫出现在枝条梢头，叶子背面也有红蜘蛛发生，发现后尽早驱除。

早春是各种山野草和高山植物萌芽和开花的时节，花色素雅的山绣球和这些植物非常搭

月 圆锥和北美绣球管理 ·················

盆栽的放置地点

　　放在能够充分照到阳光的地方，本月是新芽生发的时候，为了避免长成豆芽菜，一定要放在向阳处。

浇水

　　新芽展开后比休眠期需要更多的水分，仔细观察，一旦发现表面干燥就要补水。

肥料

　　不施肥。

整枝、修剪

　　不修剪。

种植、翻盆

　　不适宜。

扦插

　　不适宜。

病虫害

　　蚜虫出现在枝条梢头，叶子背面也有红蜘蛛发生，发现后尽早驱除。

乔木绣球'安娜贝拉'是新枝开花，在冬季剪到地面的植株春天爆发出大量的新芽

植物的状态：孕蕾开花

　　相比 5 月里竞相开放的月季和铁线莲，正在孕育花蕾的绣球的五一节是稍显寂寞的。但是这些年随着温室技术的发展，国外绣球花代替传统的康乃馨成为母亲节（5 月的第二个星期天）的礼物，国内一些大城市在 5 月也推出了盆栽绣球的礼品花，喜欢绣球花的人在母亲节不妨买一盆绣球花送给母亲吧！

　　5 月下旬开始，山绣球和园艺绣球开始开花，星星点点的绣球花开始了一年中最盛大的表演。

　　大量绣球花在园艺店出售，无论是自己购买还是收到礼物都应在花后再修剪或移植，到 6 月为止都可以进行，越早进行修剪和移栽对植物越好。

　　专业生产的苗圃从 5 月中旬到 6 月上旬进行绿枝扦插，但是对于一般家庭有些为时过早。

5 Month 月

关键词：开花

工作要点

✓ 是否及时补充了水分？

✓ 是否检查了病虫害？

5月 园艺绣球**管理** ·······················

盆栽的放置地点

放在能够充分照到阳光的地方，否则会不能开出正常的颜色。开花后则可以放在半阴处或阴凉处，以利于延长开花的时间。绣球不是适合长期放在室内的植物，为了它生长顺利，还是看完花后及时拿到户外吧。

浇水

5 月的绣球叶子肥大，花球丰满，需要大量水分。随着气温升高，日照加强，蒸发也十分旺盛，盆栽基本需要每天浇水。

肥料

花期不施肥。花后可以给予发酵好的有机肥（饼肥＋骨粉），大约每盆10 克，如果换盆则在换盆后一到两周后再施肥，以免烧到换盆时损伤的根系。也可以用缓释肥。

整枝、修剪

花后修剪，参照 p98～101 专题。

种植、翻盆

花后可以进行移栽和翻盆，参照专题。

扦插

花后进行。

病虫害

和上月一样会出现蚜虫和红蜘蛛，发现后及时喷洒杀虫剂。因为红蜘蛛出现在叶子背面，喷药要正反两面喷洒。

5 月是园艺店里绣球大量上市的时候，可以选择自己喜欢的花形、花色，不过要注意的是，绣球和其他花卉不同，在拿回家后第二年可能会开出不太一样的花色哦

5月 山绣球**管理** ••••••••••••••••••••••••••••••••

盆栽的放置地点

　　5月底开始山绣球进入正常花期了，最好放在能够充分照到阳光的地方，否则会不能开出正常的颜色。开花后则可以放在半阴处或阴凉处，以利于延长开花的时间。

浇水

　　山绣球枝条细密，叶子数量多，需要大量水分。随着气温升高，日照加强，蒸发也十分旺盛，盆栽基本需要每天浇水。

肥料

　　花期不施肥。花后可以给予发酵好的有机肥（饼肥＋骨粉），大约是每盆施10克左右，也可以使用缓释肥。

整枝、修剪

　　花后修剪，参照p98~101。

种植、翻盆

　　花后可以进行移栽和翻盆，参照p92~93。

扦插

　　花后进行参照p102~103。

病虫害

　　和上月一样会出现蚜虫和红蜘蛛，发现后及时喷洒杀虫剂。因为红蜘蛛出现在叶子背面，喷药要正反两面喷洒。

　　5月底各种早花的山绣球都开始开花了，'花吹雪'虽然是花球形的山绣球，开放时轻盈飘逸，有着和园艺绣球完全不同的风情

5月 圆锥绣球和北美绣球管理 ⋯⋯⋯

圆锥绣球的花期稍晚，在别的绣球已经开放时，它们还在孕育花蕾。而产自北美的乔木绣球和栎叶绣球则花期稍早。

盆栽的放置地点

圆锥绣球和栎叶绣球喜好阳光，应放在能够充分照到阳光的地方。特别是开粉色花的圆锥绣球，如果光照不足就可能变成白色。'粉红安娜贝拉'则是在阳光下开玫红色花，半阴处开粉色花。

浇水

圆锥绣球和栎叶绣球植株大，叶子数量多，需要大量水分。随着气温升高，日照加强，蒸发量也大，盆栽基本需要每天浇水。

肥料

花期不施肥。

整枝、修剪

花后修剪，参照p98~101。

种植、翻盆

花后可以进行移栽和翻盆，参照p92~93。

扦插

不进行。

病虫害

和上月一样会出现蚜虫和红蜘蛛，发现后及时喷洒杀虫剂。因为红蜘蛛出现在叶子背面，喷药要正反两面喷洒。

栎叶绣球虽然只有白色一色，但是开花时花序硕大，特别是品种'雪花'的重瓣繁复精致，非常华丽

57

工作要点

✓ 是否进行了花后修剪?

✓ 是否进行了花后追肥?

　　6 月是绣球的盛花期，各种绣球花都会渐次开放，在公园和植物园里欣赏美丽的绣球花，也看看专业的人员是怎么养护它们的吧

植物的状态：盛开凋谢

　　6 月是绣球的盛花期。从上旬开始山绣球开始开花，中旬以后园艺绣球也大量盛开，这时阴天多，雨水大，对于很多植物的生长并不有利，唯独对于绣球不仅不是负担，反而为它补充了水分。

　　绣球的叶子在吸收大量水分后变得格外滋润，花朵也硕大丰满，呈现出名副其实的球状。

　　比较起前段的温室绣球，天然花期开放的绣球有着不可替代的壮美。这时候绿化带都可以看到各种各样的绣球花，随着这几年引进大量的品种，一些城市公园和植物园还有绣球花展，不妨到公园走走，看看心爱的绣球花大片开放时是什么样子吧！

6月 园艺绣球管理 ⋯⋯⋯⋯⋯⋯

盆栽的放置地点

绣球花开放时可以拿到阴凉的室内摆放欣赏，但是需要注意为它开门窗通风，以免发生灰霉病。花谢后要及时修剪残花，并拿出户外管理。

浇水

绣球叶子肥大小众多，互相交叠会形成雨伞般的遮挡，导致雨水不能淋到花盆里，即使雨天也要时常观察，发现缺水就要补充浇水。

肥料

花期花后施肥，每盆施有机肥 10克或是缓释肥适量。地栽如果冬肥施得不够则在植株周围挖坑埋入肥料。

整枝、修剪

花后修剪，参照 p98~101。

种植、翻盆

花后可以进行移栽和翻盆，参照 p92~93。

扦插压条

花后进行。

病虫害

和上月一样会出现蚜虫和红蜘蛛，发现后及时喷洒杀虫剂。因为红蜘蛛出现在叶子背面，喷药要正反两面喷洒。

随着 6 月的气温升高，绣球花在灿烂开放后也容易凋谢，凋谢的花朵留在枝头会因为高温、高湿而发霉，所以要及时修剪残花。图为园艺店里剪下的大批残花

6月 山绣球管理 ••••••••••••••••••••••••••

盆栽的放置地点

山绣球在6月开始渐渐凋谢，花环形的山绣球花瓣少，可以在枝头持续很长时间，而花球形的花密集，容易发霉，谢后要及时修剪残花。

浇水

绣球叶子互相交叠会形成雨伞般的遮挡，导致雨水不能淋到花盆里，即使雨天也要时常观察，发现缺水就要补充浇水。

肥料

花期花后施肥，每盆施有机肥10克或是缓释肥适量。

整枝、修剪

花后修剪，参照p100~101。

种植、翻盆

花后可以进行移栽和翻盆，参照p92~93。

扦插压条

花后进行。

病虫害

和上月一样会出现蚜虫和红蜘蛛，发现后及时喷洒杀虫剂。因为红蜘蛛出现在叶子背面，喷药要正反两面喷洒。另外会有蛾子幼虫潜入枝干，造成枝干空洞，如果发现粉末状的虫子粪便，要及时修剪病枝驱除害虫。

山绣球的花开过盛花期并不会凋谢，而是反转过来，变成背面朝外，颜色也渐渐褪色成绿色。

6月 圆锥绣球和北美绣球**管理** ········

盆栽的放置地点

本月月底开始，圆锥绣球和栎叶绣球花开放，这两种都需要较多阳光，必须放在全日照或半阴处。

浇水

开花时节晚，气温升高，日照强烈，要时常观察，发现缺水就要补充浇水。

肥料

花期花后施肥，每盆施有机肥10克或是缓释肥适量。地栽如果冬肥施得不够则在植株周围挖坑埋入肥料。

整枝、修剪

圆锥绣球的花如果不修剪可以保持很长时间，秋天还可以看到干花。

种植、翻盆

花后可以进行移栽和翻盆，参照p92~93。

扦插

花后进行。

病虫害

和上月一样会出现蚜虫和红蜘蛛，发现后及时喷洒杀虫剂。因为红蜘蛛出现在叶子背面，喷药要正反两面喷洒。另外会有蛾子幼虫潜入枝干，造成枝干空洞，如果发现粉末状的虫子粪便，要及时修剪病枝驱除害虫。

乔木绣球'无敌安娜贝拉'花朵雪白巨大，不存在调色的问题，是非常人气的品种。初开的时候呈绿色，别有一番清新动人的风韵。如果长期下雨，可能会因为花头太重而倒伏，这时就需要用支柱支撑。

61

7 Month 月

关键词：遮阴

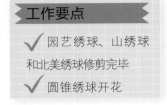

工作要点

✓ 园艺绣球、山绣球
和北美绣球修剪完毕
✓ 圆锥绣球开花

绣球花喜欢的是在稀疏的树阴下有着良好散射光的环境，夏季为它们遮阴是非常重要的工作。遮阴可以使用遮阴网，也可把盆栽放到树下

在长江流域，7月的上旬还会持续一段梅雨，这对绣球依然是非常美好的季节，但是中旬以后梅雨结束，高温天气突如其来，被滋养得水灵灵的绣球植株就会变得不适应，叶子耷拉，花朵枯萎，有的弱小的苗还会死亡。

花期最早的山绣球应该完成了花后修剪，花期中间的园艺大花绣球如果还没有来得及修剪，最好及时修剪。而花期晚的圆锥绣球在这个月才刚刚开始开花，相对比较喜阳，它的干花也很有欣赏价值，可以保留在枝头不做修剪。

植物的状态：

园艺绣球、山绣球和北美绣球修剪完毕。

圆锥绣球开花。

7月 园艺绣球管理 ·············

盆栽的放置地点

修剪过后的园艺绣球需要光照，但是炎热的天气又可能让小小的花盆水分支撑不到晚上就会发生缺水，所以放在树阴下等半阴处为宜，不要放在完全荫蔽的地方。

浇水

天气炎热，日照强烈，要时常观察，发现缺水就要补充浇水。上班族可以在盆里插一个自动浇水的水瓶。

肥料

花期和高温期不施肥。

整枝、修剪

尽早修剪，特别是无尽夏，修剪后秋天还会再次开花。

种植、翻盆

可以进行移栽和翻盆，参照p92～93。

扦插

花后进行绿枝扦插。

病虫害

偶尔有红蜘蛛，发现后及时喷洒杀虫剂。炎热天气还会灼伤叶片，如果发现了叶片灼伤要拿到阴凉处静养几天，等待恢复。

'无尽夏'的名字来自于它在夏季凉爽的欧美国家可以持续整个夏季开花，在我国大部分地区则很难见到真正的持续整个夏天的'无尽夏'之花。相反到了秋天凉爽的时候，经过修剪的无尽夏会开出新一轮秋花

小栏目

无尽夏的修剪

无尽夏是可以新旧枝条都开花的品种，在北方地区，即使枝条冬季都被冻死，春天发出的新枝条也可以开花，而在温暖地区花后经过修剪，可以在秋季再开一轮花。所以想看到无尽夏秋花的人，一定要在花后尽早进行修剪！

7月 山绣球管理 ································

盆栽的放置地点

山绣球怕热，放在树阴下等半阴处为宜，如果没有树阴，可以用遮阴网遮阴。

浇水

天气炎热，日照强烈，要时常观察，发现缺水就要补充浇水。上班族可以在盆里插一个自动浇水的水瓶。

肥料

花期和高温期不施肥。

整枝、修剪

如果花后没有修剪，要尽早修剪。

种植、翻盆

可以进行移栽和翻盆，新移栽的苗要特别注意浇水。

扦插

可以进行绿枝扦插。

病虫害

注意观察是否有红蜘蛛，发现后及时喷洒杀虫剂。

山绣球有很多品种，这种开花较晚的玉绣球，花蕾好像一个个圆球，很难想象它也是一种绣球花。等到圆球打开后，才可以看到里面类似绣球的花序

7月 圆锥和北美绣球管理 ·············

盆栽的放置地点

圆锥绣球喜好光照，也耐干，只要保持水分够，夏季可以不用遮阴。但是乔木绣球'安娜贝拉'却相对喜好半阴的环境，给予遮阴为宜。栎叶绣球介于二者之间。

浇水

天气炎热，日照强烈，要时常观察，发现缺水就要补充浇水。有时骄阳下花朵会蔫软，不用担心到明天早晨就会恢复了。

肥料

花期和高温期不施肥。

整枝、修剪

可以不修剪。

种植、翻盆

可以进行移栽和翻盆，新移栽的苗要特别注意浇水。

扦插

可以进行绿枝扦插。

病虫害

注意观察是否有红蜘蛛，发现后及时喷洒杀虫剂。

圆锥绣球花期最晚，在它开放的时候已经是炎热的盛夏

8月是一年中最炎热的月份，和7月不同，8月的雨水也比较少。这个月最重要的就是保证绣球不缺水，一般来讲养花的常识是早晚浇水，中午不浇，但是绣球是特别容易缺水的植物，盆土干透了，即使大中午也要补水。

另外8月有时候有暴雨，但是放在树下的绣球可能会因为树阴遮挡淋不到足够的雨水，要在雨后检查盆土，没有淋透的话就要浇水。

还有时叶子会被晒得蔫软耷拉下来，但是盆土不一定干了，这时把花盆拿到阴凉处，叶子就会恢复生机。如果放置不管，可能会叶子出现焦边或是脱落。

Month

8

月

关键词：补水

工作要点

✓ 是否进行了遮阴？

✓ 是否在炎热的天气补充了充足的水分？

植物的状态

修剪后的园艺绣球冒出大量新叶。

圆锥绣球持续开花。

8月的绣球园进入寂寞的时期，除了少数残留的园艺绣球，大多数绣球都已经经过修剪，只剩下叶子

8月 园艺绣球管理 ....

盆栽的放置地点

放在树阴下等半阴处为宜，或适当给予遮阴。

浇水

天气炎热，日照强烈，要时常观察，发现缺水就要补充浇水。本月的园艺绣球长出很多新叶，需要的水分较多，一天一次都不能保证不干透。为了防止新叶因缺水而枯萎，可以在盆里插一个自动浇水的水瓶。暴雨后放在树下的盆子也要检查是否淋透了水。

肥料

花期和高温期不施肥。

整枝、修剪

不修剪。

种植、翻盆

不移栽和翻盆。

扦插

可以进行绿枝扦插。

病虫害

偶尔有红蜘蛛和炭疽病，发现后及时喷洒杀虫剂。

在炎热的季节绣球叶子会被晒得焦枯，严重的还会脱落，造成植株损害

8_月 山绣球管理 ··························

盆栽的放置地点

放在树阴下等半阴处为宜，或适当给予遮阴。

浇水

发现缺水就要补充浇水。如果盆子小，一天一次都不能保证不干透，可以在盆里插一个自动浇水的水瓶。暴雨后放在树下的盆子也要检查是否淋透了水。有时浓密的树叶会遮挡雨点，导致看似一场大雨，其实树下的花盆盆土并没有淋透。

肥料

花期和高温期不施肥。

整枝、修剪

不修剪。

种植、翻盆

不移栽和翻盆。

扦插

可以进行。

病虫害

偶尔有红蜘蛛和炭疽病，发现后及时喷洒杀虫剂。

大多数山绣球都是花环形开花，中间是两性花，旁边是装饰用的萼片，也有少数是只有萼片的花球形花。花期结束后萼片变红的花球形山绣球也很美丽

8月 圆锥和北美绣球**管理** ·················

盆栽的放置地点

　圆锥绣球不用特别遮阴，乔木绣球'安娜贝拉'和栎叶绣球耐热性稍差，应该给予遮阴。

浇水

　发现缺水就要补充浇水，圆锥绣球多数是地栽，通常是不需要浇水的，但是在持续高温又少雨的时候还是需要补水。

肥料

　花期和高温期不施肥。

整枝、修剪

　不修剪。

种植、翻盆

　不移栽和翻盆。

夏季开花的圆锥绣球在我国北方栽培的历史很长，特别是东北地区有很多公园都有圆锥绣球的花圃

植物的状态：恢复生长

9月上旬还有残暑，也时常有秋老虎出现，补充水分依然是当务之急。但是从中旬以后，夜间温度就会降低，昼夜温差扩大，特别是北方地区明显感觉到凉意。

修剪后的绣球冒出新芽，长成像模像样的新枝，这个月是花芽分化的重要时期，也就是关系到明年开花状态的时期，如果继续放在荫蔽的地方就会影响花芽形成，所以在9月中旬天气变凉后就要拿到光照好的地方，沐浴阳光，促进分化。盆栽的苗需要补充肥料。

Month
9
月

关键词：翻盆

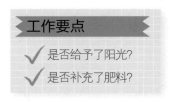

工作要点

✓ 是否给予了阳光？

✓ 是否补充了肥料？

9月份是恢复生长的季节，在花后扦插的绣球小苗因为缺铁而叶子发黄，这时就需要补充肥料

9月 园艺绣球管理

本月是园艺绣球长出明年花枝的时节，给予光照、停止修剪，这对于明年的花期非常重要。

盆栽的放置地点

上旬比较炎热，中下旬观察气温，凉爽后就可以去除遮阴网。盆栽也要搬到有太阳的地方。

浇水

发现盆土表面干了就要补充浇水。

肥料

10天一次均衡液体肥。

整枝、修剪

很容易剪掉明年的花芽，建议不修剪。

种植、翻盆

移栽和翻盆的好时机，到10月底之前翻盆或移栽都可以保证在冬季霜降前生根，所以有大盆栽需要换盆或是买的苗需要上盆的，尽量趁着秋天完成。注意本次翻盆不可大幅修根，否则会影响花芽生长。

病虫害

有可能出现红蜘蛛、炭疽病、白粉病。

在国外的凉爽干燥气候下，园艺绣球可以持续开放，一直保持到初秋。而我国大多数地区很难看到这样的景象

71

9月 山绣球管理 ••••••••••••••••••••••

盆栽的放置地点

9月上旬比较炎热，中下旬观察气温，凉爽后就可以去除遮阴网，拿到阳光下养护。

浇水

发现缺水就要补充浇水。

肥料

10天一次均衡液体肥。

整枝、修剪

不修剪。

种植、翻盆

移栽和翻盆的好时机，到10月底之前翻盆或移栽都可以保证在冬季霜降前生根，所以有大盆栽需要换盆或是买的苗需要上盆的，尽量趁着秋天完成。

病虫害

有可能出现红蜘蛛、炭疽病、白粉病。

扦插

本月也是扦插的好时机，这个月剪下枝条扦插可能带有花芽，明年会在小小的植株枝头开出花来，很多日式盆景或苔玉就是利用这种扦插苗来完成的，喜欢这种风格的人不妨尝试尝试。不过原来的母本花芽会就此减少了。

山绣球是最早结束花期的绣球类别，如果没有修剪，中间的两性花就可能结出这样的种子来。有兴趣播种的人可以收集种子尝试播种

9月 圆锥绣球和北美绣球**管理** ········

盆栽的放置地点
　　圆锥绣球不用特别遮阴。

浇水
　　发现缺水就要补充浇水。

肥料
　　花期 10 天施一次均衡液体肥。

整枝、修剪
　　枝头的干花可以根据自己的需要决定修剪还是不剪。

种植、翻盆
　　移栽和翻盆的好时机，到 10 月底之前翻盆或移栽都可以保证在冬季霜降前生根，所以有大盆栽需要换盆或是买的苗需要上盆的，尽量趁着秋天完成。

病虫害
　　有可能出现红蜘蛛、炭疽病、白粉病。

天变成美丽的粉红色，剪下来做干花也是很不错的选择

Month

10 月

关键词：移栽

工作要点

✓ 是否对需要换盆的植物或是新买的植物进行了移栽？

10月有很多绣球小苗上市，花市里品种较少，喜欢新奇品种的可以关注专业的绣球零售网店

植物的状态：红叶

温暖的长江流域也正式进入秋天，随着气温降低，圆锥绣球最后开出的花会带上红晕，颜色更深，也更美丽。修剪后的无尽夏开出第二茬花，很多花市的店铺里也有出售秋花的无尽夏花苗。而北方则更快进入寒冷期，安娜贝尔的残花和圆锥绣球的残花都枯萎变黄，带来浓浓的秋意。

本月也是网购绣球大量上市的时候，和春天不同，这时候买的花苗如果种下地，就可能在明年长成成型的中型株，所以看上心爱的品种，就在秋天尽早入手吧！

10月 园艺绣球管理 ·

盆栽的放置地点

放在阳光好的地方。

浇水

发现缺水就要补充浇水。

肥料

花期10天施一次液体肥。

整枝、修剪

本月无尽夏开出第二茬花，花后
需要进行修剪。

种植、翻盆

移栽和翻盆的好时机，到10月底
之前翻盆或移栽都可以保证在冬季霜
降前生根，所以有大盆栽需要换盆或
是买的苗需要上盆的，尽量趁着秋天
完成。

病虫害

有可能会出现白粉虱，发现后用
黄板捕杀。

无尽夏的秋花，不过因为气候
原因，花容易褪色，花量也比春季
少很多

10月 山绣球管理

••••••••••••••••••••••••••••••••••

本月很多山绣球开始红叶或黄叶，观察它们的叶子欣赏季节变迁带来的美感吧。

盆栽的放置地点

放在阳光好的地方。

浇水

发现缺水就要补充浇水。

肥料

花期 10 天施一次液体肥。

整枝、修剪

不修剪

种植、翻盆

移栽和翻盆的好时机，到 10 月底之前翻盆或移栽都可以保证在冬季霜降前生根，所以有大盆栽需要换盆或是买的苗需要上盆的，尽量趁着秋天完成。

病虫害

有可能有白粉虱。

山绣球花朵枯萎，叶子发红，出现斑点，都表示它要进入休眠了

10月 圆锥绣球管理 ·····························

盆栽的放置地点
放在阳光好的地方。

浇水
发现缺水就要补充浇水。

肥料
花期 10 天施一次液体肥。

整枝、修剪
在观赏了一整个夏天后，修剪掉残花，让植物以干净的姿态过冬。

种植、翻盆
移栽和翻盆的好时机，到 10 月底之前翻盆或移栽都可以保证在冬季霜降前生根，所以有大型盆栽需要换盆或是买的苗需要上盆的，尽量趁着秋天完成。

圆锥绣球和北美绣球因为植株较大，有时会有裸根苗出售，裸根苗的移栽可以参照专题。另外裸根苗在严寒到来前可能没有来得及生根，耐寒性差，所以最好放在没有加温的室内管理。

病虫害
有可能出现有白粉虱。

圆锥绣球最后的灿烂，最好剪掉让它们干净过冬。剪下的花可以做成干花

11 **Month**
月

关键词：清理

工作要点

✔ 是否对落叶进行了
清理？

✔ 是否进行了防寒？

可能是最后的绣球花了，狠下心剪掉它跟今年告别吧

植物的状态：落叶

　　11 月整体上说天气干燥，晴朗日较多，趁着晴天，可以给绣球进行清理工作。大部分的老叶子开始落叶，没有落得枯叶也可以捋下来，收拾落叶并集中烧毁，可以大幅减少明年的病虫害。

　　11 月下旬之后天气变冷，绣球从性质而言是畏干甚于畏寒，如果遇到寒风侵袭，就会从上部开始渐渐枯萎。这时枝条枯萎，花芽也枯萎，只能剪掉，来年就开不了花。不过新枝开花的'安娜贝拉'和无尽夏并不会有太大影响。

11月 园艺绣球管理 ....

盆栽的放置地点

有叶子的时候放在太阳好的地方，落叶后可放在阴地。北方可放在屋檐下，房屋旁，墙根。

浇水

发现盆土表面干了，就要补充浇水。

肥料

花期10天施一次液体肥。

整枝、修剪

清理枯叶、残花，让植物以干净的姿态过冬。

种植、翻盆

可以翻盆和移栽新苗。

病虫害

发生过白粉病等病害的落叶要收集烧毁。如果忘记这个工作次年即使喷洒除菌剂效果也不明显。

防寒

在北方地区要拿进无加温的室内，中部地区可以用无纺布或稻草包卷绣球外围一圈，防风防寒，但最好不要用不透气的塑料布来包裹。长江流域及以南一般不用防寒。

11月的绣球园看起来十分萧条，但是在它们萧瑟的外表下孕育着来年的花芽

11_月 山绣球管理

盆栽的放置地点

有叶子的时候放在太阳好的地方，落叶后可放在阴地。北方可放在屋檐下，房屋旁，墙根。

浇水

发现盆土表面干了，就要补充浇水。

肥料

花期不施肥。

整枝、修剪

清理枯叶、残花，让植物以干净的姿态过冬。

种植、翻盆

可以翻盆和移栽新苗。

病虫害

发生过白粉病等病害的落叶要收集烧毁。

播种

原生的山绣球有大量孕性花，可以结出种子，可尝试收集种子进行播种。当然，到开花还是需要很长时间的。

防寒

在北方地区要拿进无加温的室内，中部地区可以用无纺布或稻草包卷绣球外围一圈，防风、防寒，但最好不要用不透气的塑料布来包裹。长江流域及以南一般不用防寒。

被寒风冻死的山绣球，第二年会从基部发出新叶子，但是这些新枝条在当年就开不了花了

11月 圆锥绣球管理 ·····················

盆栽的放置地点

　　有叶子的时候放在太阳好的地方，落叶后可放在阴地。

浇水

　　发现盆土表面干了，就要补充浇水。

肥料

　　花期10天施1次液体肥。

整枝、修剪

　　清理枯叶、残花，让植物以干净的姿态过冬。

种植、翻盆

　　可以翻盆和移栽新苗。春天的圆锥绣球小苗经过一年的盆栽养护，基本可以下地了。

病虫害

　　发生过白粉病等病害的落叶要收集烧毁。

防寒

　　圆锥绣球一般不用防寒。乔木绣球可以修剪掉，也可以不剪。

栎叶绣球在秋天的阳光下。在墙根下它们可以得到一定的庇护，免受寒风的侵袭

12 Month 月

关键词：施冬肥

工作要点

✓ 是否进行了防寒防风？

✓ 是否开始了施冬肥？

在南方，绣球有时会一直不落叶，在没有寒潮的前提下可以不用管

植物的状态：落叶休眠

12月开始真正进入了寒冷的冬季，绣球开始完全落叶，进入了休眠期。但是如果气候温暖也可能从下旬就开始苏醒，花芽分化也进入尾声。

12月是修剪的季节，和11月一样，适合大苗的移栽和栽种。虽然有可能冻结，但也还是应该在移栽后立刻浇水。

12月 园艺绣球管理 ·························

盆栽的放置地点

　　放在向阳避风的地方。园艺绣球耐寒性不强，如果寒潮来临，可根据情况采取防寒措施。

浇水

　　表面干燥后充分浇水。

肥料

　　12月下旬到次年2月上旬都适合给予冬肥，这时给予有机肥料，但是对秋季以后新种的苗不要施有机肥。用饼肥7份＋骨粉3份，混合均匀后，盆栽5号盆施10克，6号盆施20克，庭院地栽苗施100克。庭院地栽苗施肥后基本不用再追肥，盆栽苗因为基质有限，一次不可给予大量肥料，后面再追肥。

整枝、修剪

　　参照p94~95冬季修剪册的要领进行疏枝修剪，因为绣球的花芽多着生在枝条顶端，如果对全部植株修剪，就可能剪掉花芽，明年就开不了花。

种植、翻盆

　　适合大苗的移栽和栽种。小苗

或幼苗耐寒性较差，最好避免在这个时期换盆。

　　绣球园里的园艺绣球，大部分老叶子都落叶，顶端的新芽在变红

12_月 山绣球管理 •

盆栽的放置地点

放在向阳避风的地方。山绣球特别不耐寒风，如果寒潮来临，最好用无纺布包裹一下。

浇水

表面干燥后充分浇水，山绣球根系纤弱，即使在休眠期完全干透也容易枯萎。

肥料

12月下旬到2月上旬都适合给予冬肥，这时给予有机肥料，但是对秋季以后新种的苗不要施有机肥。用饼肥7份＋骨粉3份，混合均匀后，盆栽5号盆施10克，6号盆20克，庭院地栽苗100克。

整枝、修剪

参考冬季修剪的要领进行疏枝修剪。

种植、翻盆

适合大苗的移栽和栽种。小苗或幼苗耐寒性较差，最好避免在这个时期换盆。

山绣球的种子，在自然界里山绣球就是靠种子繁殖的

12月 圆锥和北美绣球管理 ·············

盆栽的放置地点

放在向阳避风的地方。圆锥绣球的耐寒性较强，不需要特别进行防寒处理。

浇水

表面干燥后充分浇水。

肥料

12月下旬到2月上旬都适合给予冬肥，这时给予有机肥料，但是对秋季以后新种的苗不要施有机肥。用饼肥7份＋骨粉3份，混合均匀后，盆栽5号盆施10克，6号盆施20克，庭院地栽苗施100克。

整枝、修剪

参照p94~95冬季修剪的要领进行疏枝修剪。新枝开花的乔木绣球'安娜贝拉'可以修剪到地面。

种植、翻盆

适合大苗的移栽和栽种。

东北长春的公园里，耐寒的圆锥绣球在 −20℃的大雪天也毫不畏惧

85

绣球的好伙伴

绣球是比较耐荫的植物，通常种植在花园比较隐蔽的地方。在不开花的时候容易显得单调，我们可以种植一些彩叶和冬花的植物来搭配它。

矾根

彩叶植物中的代表品种，植株矮小，色彩丰富，季节上是冬季生长，夏季休眠，正好和绣球互补。

圣诞玫瑰

圣诞玫瑰是冬季开花的耐阴多年生植物，它开花的季节绣球处于落叶期，不会遮挡到它的阳光。不过圣诞玫瑰根系比矾根发达，需要和绣球保持一定距离。

勿忘草

淡蓝色的花朵，一年生的小草花，花期在春天，可以为刚发芽的绣球脚下装点上明亮的色彩。

PART 4

绣球种植操作图解

种植裸根苗

园艺绣球和山绣球少见裸根出售，但是木质化的圆锥绣球和栎叶绣球在冬季可以买到裸根苗来移栽。

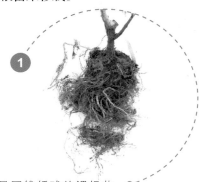

① 这是圆锥绣球的裸根苗，若根部失水比较严重，可浸泡在水中几小时进行补水

② 在花盆里加入底石

③ 加入准备好的种植基质

④ 放入裸根苗，正好在盆子中央

⑤ 再次加入种植基质

⑥ 大约快到盆子边缘下方时稍微整平

⑦

加入缓释肥料，有机肥
不适合直接用于裸根苗，如果
没有缓释肥，也可以不施肥

⑧

盖上薄薄一层土

⑨

稍微拍打花盆，整平

⑩

充分浇水，直到底部溢出水

　　圆锥绣球耐寒性强，裸根苗栽好后可以放在室外过冬。但因为根系没有扎稳，大风可能吹倒苗，最好在大风天气用纸板稍作遮挡，或放在避风处。

冬季翻盆

夏季或秋季买来的小苗在经过半年的成长，冬季已经长成可以开花的苗，这样的苗在冬季应该为它们翻盆，加大一号花盆，以便于它们在来年春季有更好地成长。无尽夏是新枝条也可以开花，碰断枝条还可以开花，但是如果保持老枝条，开花就会早一些，花量也会大一些。

① 无尽夏小苗在经过半年的生长后，已经长满整个育苗钵。在冬季到来后，落叶了

② 为小苗翻盆，首先准备比原来花盆大一圈的花盆，加入钵底石

③ 再加入种植基质

④ 大约加到 1/3 的高度时，加入缓释肥、有机肥作为底肥

5 取出小苗，注意虽然没有叶子，也不要碰断枝条

6 轻轻用手疏松缠绕的根系

7 把整理好的小苗放入花盆

8 加入营养基质，大约到盆子边沿，就可以停止。稍微拍打花盆，整平

9 充分浇水，直到底部出水

10 次年5月底开花的样子

91

冬季修剪

绣球冬剪原则

Point!

绣球修剪过的枝条一般不会开花!

1. 绣球的冬季修剪并不像月季那样完全必要的,对于大多数绣球来说,冬季的枝条上孕育着来年的花芽,一旦修剪,就会剪掉花芽。

2. 绣球的冬季修剪基本以清理为主,即剪掉枯、弱、病枝,保留健康的枝条。

3. 有时绣球的枝条太过密,还有些枝条长的方向不好,或是已经明显老化,也可以用疏剪的方法剪除这些枝条。

修剪园艺绣球

1

修剪前的样子

2

剪掉没有芽头的半枯枝条,一直剪到有饱满芽头为止

3

修剪的正确位置是在饱满芽头上方1厘米

4

剪掉完全枯萎的枝条

5

清理枯萎的叶片并扔掉,免得残留病虫害

6

修剪完毕

修剪山绣球

1

修剪前的样子，山绣球有比较多的细枝条

2

剪掉半枯枝条的枯萎部分，剪口在饱满芽头上方

3

剪除全枯枝条

4

剪除过分细弱的枝条

5

修剪完成

下地

下地种植栎叶绣球

1

栎叶绣球适合种植在有阳光的地方

2

在坑底放入鸡粪、骨粉等有机肥，埋一层土

3

挖坑，大约 2 锹深

4

在挖出的土壤里加入沙子、腐叶土等基质，改良到疏松

5

把栎叶绣球苗放入坑底

6

加入拌匀的混合土，直到盖住原来的土团表面

7

浇水，完成

花后修剪无尽夏

无尽夏开花的样子

无尽夏的花朵可以持续很久，但是下面已经可以看到新的叶芽在成长

新的叶芽需要营养和阳光，如果一直不修剪，就可能耽误下一轮开花

剪掉第一个花球，位置在叶芽的上方

剪掉第二个花球，位置同样

从剪掉的枝条看，就是剪下花和花下的一对叶

7

剪掉所有的花球

8

剪掉枯边和有病的叶片

9

清理盆中的杂草

10

变得干净的无尽夏

11

在花盆边缘挖开一点土，
加入骨粉等有机肥，缓释肥
也可以

12

修剪后的无尽夏

花后修剪万华镜

1

花后的万华镜。与强壮的无尽夏相比，万华镜有较多的细枝条，花球也比较小

2

修剪开过的花球

3

剪下花球和一对叶子

4

继续修剪其他花球

5

仔细修建花球和叶片

6

修剪所有的花球

7

从根部剪掉中间枯萎的枝条

8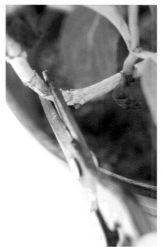

有老化的枝条从饱满的芽头上方剪断

9

细小的花枝也要剪掉

10

清理枯叶，修剪完成

11

加入骨粉等有机肥

12

如果舍不得剪掉的花枝，可以插在花瓶里欣赏

绣球的扦插

扦插是繁殖绣球最简单的方式，在绣球花后可以剪下开花的枝条扦插，生根的概率比起月季和铁线莲都高很多。而且，绣球枝条只要做好保湿，还可以承受数天的保存，更适合花友之间交换品种。

准备花盆,湿润的扦插基质。一般是蛭石、珍珠岩和少量泥炭，也可以不用泥炭

来自花友的馈赠枝条，已经经历了 3 天左右的运输，但是还十分新鲜

开过花，没有叶子或芽头的枝条不适合扦插。开过花，有叶子和芽头的枝条以及没有开过花，有顶芽和叶子的枝条才适合扦插

剪成 1~2 节为一段

5

把下部一节的叶子修掉

6

上部的叶子剪掉一半，顶芽可以完全保留

7

叶子修剪方法：叶子折叠一下，就可以简单的剪成一半了

8

用木棍在盆土表面开一个小孔

9

插入准备好的绣球枝条

10

其他枝条也同样剪成适合扦插的插穗

11 -

仔细插好

12 -

扦插完成

13 -

充分浇水，让插穗与土壤贴合

　　扦插完成后的绣球放在有散射光的地方，保持土壤湿润，如果天气干燥就喷些水，3～4周就可以生根。等到有白根从盆下长出来，就可以分栽上盆了。

PART 5

常见的绣球品种名录

园艺绣球

符号说明：**初** 适合初学者
盆 适合盆栽　**调** 可调色

蝴蝶

Pappilon Lila

类别　园艺 / 切花
花形　圆瓣、大花
高度　1~1.5 米

切花品种，大型花，花瓣圆润，重叠开放非常可爱。玫瑰红或深蓝色，图片不易看出，但实物花朵比其他品种大很多。

皇家褶皱

类别　园艺 / 切花
花形　单瓣、大花、卷边
高度　1 米

切花品种，深色花，大型花，边缘带有波浪形花瓣，非常独特。红蓝不定，易开出紫色花。

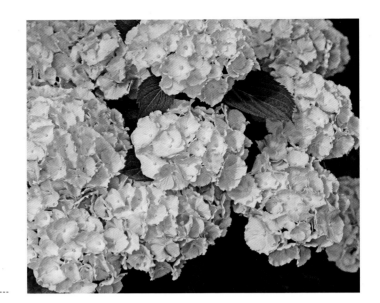

灰姑娘
Cinderella

类别　园艺 / 盆花
花形　单瓣、锯齿
高度　1 米

边缘小锯齿，非常可爱，颜色柔和，可以调色成清新的淡蓝，也可不调。花后变成优雅的古董灰色。

复古腔调
Together Classic

类别　园艺 / 切花
花形　重瓣
高度　1 米

切花品种，复古色系代表品种。又名你我的箴言，花瓣重瓣，整齐的小花，非常精致。后期会变成灰绿、紫、褐色杂糅在一起非常独特的颜色。

纱织小姐
Miss Saori

类别	园艺 / 切花
花形	重瓣、花边
高度	0.8 米

英国切尔西花展获奖品种，叶片发红，白色花瓣带有纤细红边，重瓣，根据环境红边可能变宽或是花瓣发红，放在半阴处会开出较清淡的色彩。

泉鸟
Izumidori

类别	园艺 / 盆花
花形	重瓣
高度	0.8 米

加茂菖蒲园作品，清爽的水蓝色，好像白色天鹅般的不孕花萼片细长优美，簇拥着中心喷泉似的蓝色孕性花，整体观感清新淡雅，富于东方美。

107

黄金圣殿

类别 园艺 / 切花
花形 重瓣
高度 1 米

数层重瓣，稍带褶皱，很浓郁的颜色，看起来甚是华丽。可以通过调色来达到喜欢的色彩。

灵感
Inspire

类别 园艺 / 切花
花形 重瓣、细瓣
高度 0.8 米

花瓣纤细，多层重瓣，有些像大理菊花，盛开时十分独特。又名你我的灵感。颜色清淡，不调色也很好看。

薄荷
Peppermint

类别　园艺 / 切花
花形　单瓣、条纹
高度　0.8 米

初　调

切花品种，单瓣，花瓣白色中间带有十字形斑纹，通过调色到蓝色，看起来更加清爽。花梗坚硬有力，可以持久，特别适合切花。

妖精之瞳
Fiary's Eye

类别　园艺 / 盆花
花形　重瓣
高度　0.8 米

调

重瓣，稍有褶皱，花瓣之间重叠开放，形成美妙的圆杯形。颜色可以调节到玫瑰红或深蓝，非常华丽的一个品种。

平顶绣球

类别 园艺 / 盆花
花形 单瓣、平顶
高度 1~1.5 米

(初)

中心聚集细小的孕性花，周围一圈是单瓣不孕花，是绣球花比较原生的状态，虽然不像球形花那么华丽，但是清新秀美，是小花园不可多得的一个绣球品种。

马雷夏尔

类别 园艺 / 盆花
花形 单瓣
高度 0.8 米

(初) (▢) (调)

单瓣，多花，很适合调色的品种，从玫瑰红到深蓝色，都非常好看。在花盆里栽培时株型端正，开花位置也矮，一款特别适合作为礼物的绣球花。

万华镜
Mangekyou

类别 园艺 / 盆花
花形 重瓣、条纹
高度 0.8 米

重瓣，花瓣纤细，中心带有深色条纹，日本品种，植株稍显柔弱，植株也不大，是近年来的人气新品。部分植株花瓣颜色会偏浅，发色不佳。

精灵

类别 园艺 / 盆花
花形 单瓣
高度 1 米

深红色花带有较宽白边，单瓣，多花，花球较大，开放时很是华美。植株健壮，是相对比较好养护的品种。

塔贝
Taube

类别　园艺 / 盆花
花形　单瓣、大花、平顶
高度　1~1.5 米

初 调

单瓣，平顶花环形，超大花，开放时好像数只硕大的蝴蝶在枝条飞舞，非常美丽，通过调色可以实现蓝红变化。

雪球
Snowball

类别　园艺 / 盆花
花形　单瓣、大花
高度　0.6~0.8 米

初

进入国内很早的品种，白色，单瓣大花，花球也大，有清晰锯齿边，很经典的白色品种，可以作切花。也适合作盆花。

无尽夏
Endless Summer

类别　园艺 / 盆花
花形　单瓣
高度　1~1.5 米

近年来引进国内的著名品种，叶子无光泽，多花，强健。可以新旧两种枝条开花，所以即使冬季修剪也不会影响花。但还是保留旧枝条开花更早。颜色根据土壤酸碱度而变化，我国大部分地区不调色就会开出粉色花。

新娘
Bridal

类别　园艺 / 盆花
花形　单瓣
高度　1~1.5 米

无尽夏的白色品种，花粉白色，小花，叶子无光泽，聚集开放非常动人。有时会变成极浅的淡蓝或淡粉，多花，花瓣柔软，不太耐晒。

舞姬

类别 园艺／盆花
花形 单瓣、平顶
高度 0.5 米

初 □

山绣球杂交品种，平顶形花。花色玫瑰红，花环排列，其他性质也非常接近山绣球。

头花
Corsage

类别 园艺／盆花
花形 重瓣、平顶
高度 0.8 米

初 □ 调

平顶花环形，重瓣花稍在中间折起。花朵大，几乎可以遮住中间部分。颜色素雅清淡，可为淡粉色或淡蓝色，都很好看。

信子
Nobuko

类别 园艺／盆花
花形 单瓣
高度 1 米

紫色带有宽白边的品种，有着淡雅的东方美。出自日本育种家海老原广，后期白边会变成淡绿色，绿色和紫色组合、更加独具一格。

巴黎
Paris

类别 园艺／盆花
花形 单瓣
高度 0.8 米

著名品种，多花，红色，花朵中等大小，端正的菱形花瓣，十分标致。中心部分开出小朵蓝色孕性花。即使酸性条件也会开出深红色花，也可以切花。

卑弥呼
Himiko

类别	园艺／盆花
花形	重瓣
高度	1 米

🪴调

中心小型、周边大型的重瓣花，浓郁的深蓝紫色，非常吸引眼球。不调色则会开出深紫红色，花朵持久性好，有时可以持续到 8 月初。

彩彩
Saisai

类别	园艺／盆花
花形	重瓣
高度	1 米

🪴调

重瓣花，球形，花瓣细长，尖端偏圆，非常可爱。颜色蓝紫色，花梗长，看起来好像一群紫色的彩蝶在枝头飞舞。

感谢
Arigatou

类别 园艺 / 盆花
花形 重瓣
高度 1 米

又名感恩、谢谢你。花瓣圆，中心深蓝色，边缘白色，小花聚集开放，好像丁香花般的效果。对酸碱度不敏感，即使不调色也会开出偏紫色的花。

合唱
Utaawase

类别 园艺 / 盆花
花形 重瓣
高度 1 米

花瓣长形，顶端稍尖，重瓣，中间的孕性花也是重瓣，整体观感繁复华美。一般为紫色，可以调到深蓝色，效果更佳。

佳澄
Kasumi

类别　园艺 / 盆花
花形　重瓣
高度　1 米
调

加茂菖蒲园作品，颜色清淡，可为柔和的淡蓝或淡粉。花形是介于花球和花环形之间的形态，即外圈花大，内圈花小，育种者加茂称之为花束形。

魔幻小丑
Magical Harlekijn

类别　园艺 / 切花
花形　单瓣、花边
高度　1 米
调

切花品种，花多，花色为白色外圈、深色内部。边缘有时有锯齿，花瓣偏圆形，成簇开放，非常可爱。

魔幻革命
Magical Revolution

类别 园艺 / 切花
花形 单瓣、变色
高度 1 米

花瓣小巧圆润，官方色是蓝色带有绿色瓣尖，但是常在蓝—紫—灰间变化，充满神秘色彩。本品是国外很热门的品种，近年来母亲节盆花的主打，也可以作切花。

魔幻贵族
Magical Noblesse

类别 园艺 / 切花
花形 单瓣
高度 0.8 米

白色带有绿色瓣尖，有时会变成绿色不规则斑纹，十分清新。花瓣边缘有锯齿，花在魔幻系列里属于大花型。

119

魔幻珊瑚
Magical Coral

类别 园艺 / 切花
花形 单瓣
高度 0.8 米

和魔幻革命的花形类似，粉红色带有绿色瓣尖，花瓣小而圆润，非常美丽。整个魔幻系列的色彩在中国的大部分地区都不是特别稳定，浓淡会随环境而变化，但本品基本能显示出标准的珊瑚粉色。

魔幻海洋

类别 园艺 / 切花
花形 单瓣
高度 1 米

单瓣，中等大小，圆润的锯齿边，初开是很独特的黄绿色到浅黄色，尤以此时最为美丽。开放后变成玫粉色或蓝色，相对就比较普通了。

娜娜
Nana

类别　园艺 / 盆花
花形　单瓣
高度　0.8 米

日本坂本园艺作品，花环形，中间绿色，周围白色，重瓣，长条形花瓣，聚集开放，非常美丽。娜娜是母亲节的高级盆花，到后期花瓣会变成完全绿色。

千代女
Sayojo

类别　园艺 / 盆花
花形　重瓣、花束形
高度　1 米

长椭圆形花瓣，孕性花和不孕花都是重瓣的豪华花束形，不调色是深玫瑰红，调色后是深蓝色，都非常漂亮。

荣格深粉

类别 园艺 / 盆花
花形 单瓣
高度 1 米
（初）（调）

具有山绣球血统，深粉红色，花瓣开放到后期会和山绣球一样向后翻转，颜色也开始发绿。强健，适合花园。

十二单
Junitan

类别 园艺 / 盆花
花形 重瓣
高度 1 米
（□）（调）

花瓣圆形，呈螺旋形彼此交叠，下部花瓣大，上部花瓣小，印象非常独特，令人难以忘怀。颜色淡蓝色，柔美可爱。

手鞠手鞠
Temaritemari

类别　园艺 / 盆花
花形　重瓣
高度　0.8 米

加茂菖蒲园出品，小型圆角花瓣层叠开放，姿态端庄，有矜持的东方美，和国内目前流传的品种'花手鞠'十分接近。

斯嘉丽
Scarlet

类别　园艺 / 盆花
花形　单瓣
高度　1 米

虽然名为斯嘉丽（猩红色），但是在酸性环境下还是会开出接近海蓝的蓝色花来。本品颜色纯度高，花瓣厚实，持久性好，是很适合盆花和花园的品种。

马林苏打
Marin Soda

类别 园艺 / 盆花
花形 单瓣
高度 1 米

初 调

清爽淡雅的蓝色花，颜色清新，花朵大小适中，枝干强健有力，可以支撑花朵在风雨中直立，是适合花园的品种。

夕景色
Yugeshiki

类别 园艺 / 盆花
花形 重瓣
高度 0.8 米

调

如同名字一样，好像夕阳西下后的天空般的深蓝紫色花瓣，重瓣开放，花瓣长条形，富于和风美。中心的孕性花也是同样的深紫色，非常美丽。

小红椒
Hot Red

类别 园艺 / 盆花
花形 重瓣
高度 0.8 米

大红色品种，初开花瓣带绿心，浓郁的对比色十分好看。在众多的红色品种中属于小型植株，适宜盆栽。

许愿星

类别 园艺 / 盆花
花形 重瓣
高度 0.8 米

深蓝紫色品种，花瓣长条形，有些向内扭卷，数层重瓣但又不显得笨重，花型新颖，颜色也很有个性，十分难得。

阿拉莫德
A La Mode

类别 园艺 / 盆花
花形 重瓣
高度 0.8 米

(初)(🏺)(调)

名字来自法语，意思是流行的、潮流的意思。花瓣白色，中心带有深色条纹斑，对比鲜明。重瓣花，花环形，中间的孕性花是深蓝色，整体效果清爽干净，名副其实是一款引领潮流的作品。

星占
Hoshiuranai

类别 园艺 / 盆花
花形 重瓣
高度 0.8 米

(初)(🏺)(调)

非常精致优雅的重瓣花，深蓝色带有白色花边，外层白边多，内层几乎完全是蓝色，搭配健壮的绿叶，高雅动人。中心的孕性花也是重瓣，有的小花瓣还带有白色条纹。

塞布丽娜
Sabrina

类别 园艺 / 盆花
花形 单瓣
高度 1.2 米
初

红边品种，有时花瓣边缘出现锯齿，红边有时会晕开，变成淡红色。叶子和新芽也很红，即使不开花也很容易辨认出。

森乃妖精
Morinoyousei

类别 园艺 / 盆花
花形 重瓣
高度 1.2 米
初 调

小花重瓣，尖形花瓣，数层开放，非常可爱。颜色淡蓝或淡粉，叶子无光泽，有些类似山绣球。花期长，夏季都会零星开放。

早安
Ohayo

类别 园艺 / 盆花
花形 重瓣，花束形
高度 1 米

花瓣卷曲波浪形，细密锯齿边，中心有大量类似的小花，密集开放，非常华美。花色为纯正的天蓝色，不调色会变成粉红。

细高跟
Spike

类别 园艺 / 盆花
花形 单瓣
高度 1 米

很著名的卷边品种，花瓣卷皱成波浪形，显得轻盈浪漫。单瓣、大花，淡蓝色，碱性环境会变红。波浪边的翻卷程度也会根据环境发生变化。

爆米花
Aysha

类别	园艺 / 盆花
花形	单瓣
高度	1.5 米

初 调

又名爱莎，一个极具个性的品种，花瓣圆形全部向内卷，好像一个个小豌豆，十分可爱，本品可以长成 1 米多高的大株。

未来
Mirai

类别	园艺 / 盆花
花形	单瓣
高度	0.7 米

初 🏵

白色带细红边品种，花瓣小，四瓣排列成整齐的正方形，在红边组里属于小型品种。有时光照不好，红边会消失。

彼得潘
Peter Pan

类别 园艺 / 盆花
花形 重瓣、条纹
高度 0.8 米

盆调

花瓣带尖,白色中间带有蓝色或玫红色心,有些类似'星星糖',但是本品的孕性花也会开成小型重瓣花,有些接近花束形。

婚礼花球
Wedding Boquet

类别 园艺 / 盆花
花形 重瓣、花束形
高度 0.8 米

盆调

外围不孕花部分大花,中间小花,都是重瓣,组合非常华丽。浅色,会根据酸碱度变为淡蓝或淡粉,两种色都很好看。

小町
Komachi

类别 园艺 / 盆花
花形 重瓣
高度 0.8 米

平顶，重瓣，瓣形规整端正，花瓣大，会把中间部分几乎覆盖起来，颜色深，可调色为深玫瑰红和深蓝紫。颜色大气高贵，是著名的母亲节盆花品种。

红美人

类别 园艺 / 盆花
花形 单瓣
高度 0.8 米

颜色深红，虽然是单瓣，但是看起来热烈喜庆，很受国人欢迎。花多，花球丰满，小苗就可以开出不错的花球。适合初学者。

舞会
Dance Party

类别	园艺 / 盆花
花形	重瓣
高度	1 米

初 口 调

日本加茂出品，平顶长梗，重瓣花。有些类似山绣球'花火'，但是花瓣长形，花朵也大，可以调出从深蓝到玫红的不同颜色，运用很广，是人气较高品种。

卡鲁赛尔

类别	园艺 / 切花
花形	重瓣
高度	1 米

初 调

小型花，尖瓣，端正的多层重瓣，非常优雅的一款。颜色深紫色，也可以变成深紫红。花球大而丰满，适合作切花。

蓝钻石
Blue Diamond

类别 园艺 / 切花
花形 单瓣
高度 1 米

(初) (调)

花瓣圆形，数层重叠，娇美可爱。花球形，在荫蔽的地方花量小，在早晨有阳光的地方可以开出饱满的花球。

千百度

类别 园艺 / 盆花
花形 单瓣
高度 1 米

(初) (盆)

花瓣圆，聚集开放，雪白，虽然是单瓣花也有很动人的效果。

星星糖
Konpeitou

类别　园艺 / 盆花
花形　重瓣、条纹
高度　1 米

初 🏺

著名的条纹重瓣品种，白色底色，中心玫红或亮蓝色，色彩对比鲜明，好像儿童糖果'星星糖'而得名。

白天使
White Angel

类别　园艺 / 盆花
花形　重瓣
高度　1 米

初 🏺

白色，重瓣，长条形花瓣，花环形开放。花梗长，看起来纯洁又轻盈，是最近花友中很有人气的一个品种。

银边八仙

类别 园艺 / 盆花
花形 单瓣
高度 1.2 米

初

叶子带有银边，即使不开花也十分好看，历史悠久的观叶品种，在南方很多城市有栽培。花粉色，中间孕性花淡紫红色。

群鹭

类别 园艺 / 盆花
花形 单瓣
高度 0.8 米

初

白色，锯齿边，有时会出现明显的花边形翻卷。观感清新美丽，是一款仙气十足的品种。

山绣球

城之崎
Jougasaki

类别	山 / 盆花
花形	重瓣
高度	1 米

日本传统品种，可能是最早发现的自然产生的重瓣绣球，是很多园艺品种的亲本，花环形，会随酸碱度变化。

红
Kurenai

类别	山 / 盆花
花形	单瓣
高度	1 米

山绣球中极有特色的一种，几乎接近大红色，单瓣，常开出三瓣花，非常仙。如果光线不好可能变成白色。

花吹雪

类别 山 / 盆花
花形 单瓣
高度 1.2 米

初

山绣球中比较大型而且强健的品种，白色锯齿边，小花聚集开放，花球形。中心两性花淡蓝色，所以看起来有些像花瓣也是蓝色。

花火
Hanabi

类别 山 / 盆花
花形 重瓣、长花梗
高度 1.2 米

初

又名隅田川花火，花环形，花梗很长，看起来好像夜空中射出的烟火一样。虽然是重瓣花，但是轻盈美丽。

金色日出
Goldie

类别 园艺 / 盆花
花形 单瓣
高度 1 米

观叶品种，叶子初生时是柠檬黄色，和其他绣球种植在一起有彩叶效果。花色白，平顶形，淡雅优美。

恋路之滨
Koijigahama

类别 山 / 盆花
花形 单瓣
高度 1 米

观叶品种，白色斑纹，叶子细长，花小，淡色。平顶花环形。与银边八仙花类似，但是叶子更细，条纹也更散。

美加子
Japanew Mikako

类别 园艺 / 盆花
花形 单瓣
高度 1.2 米

 调

山绣球的园艺品种。白色花带有纤细的紫色边缘，秀气的小花球形，类似形态的品种很多，但是本品是少有在酸性土壤里花边能变成紫色的品种。山绣球的园艺品种。

清澄泽
Kiyozumi

类别 山 / 盆花
花形 单瓣
高度 1 米

白色花带有纤细的红色花边，小花球，非常迷人。有时因光照等原因花边会模糊不清。本品是自然产生的镶边，也是很多带花边品种的亲本。

田字
Tanoji

类别　园艺 / 盆花
花形　单瓣
高度　1.2 米

开花时好像一个个田字，四瓣小花，颜色和造型都很素雅 清新可人。

深山八重紫
Miyama-yae-murasaki

类别　山 / 盆花
花形　重瓣
高度　0.8 米

在酸性环境下可以开出美丽的紫色花，重瓣，是山绣球中的名品。

141

雪舞
Yukimai

类别　山／盆花
花形　重瓣
高度　0.6 米

小型品种，花重瓣，圆润可爱，纯净的白色。比较松散的圆球形。

伊豆之华
Izunohana

类别　山／盆花
花形　重瓣
高度　0.6 米

传统品种，花瓣细长，重瓣花，清秀的紫色。是产于伊豆半岛的天然重瓣种，也是很多品种的亲本。

紫风

类别 山／盆花
花形 单瓣
高度 0.8 米

单瓣，淡蓝紫色，4 瓣向外开。孕性花和周围花瓣的组合十分端正，是一款具有和风美的品种。

姬绣球
Himeajisai

类别 原生变异
花形 单瓣
高度 1.5 米

初

小花型绣球花，花序圆球形，花梗长，开放时非常清秀。在酸性环境下呈淡雅的水蓝色。日本镰仓著名的绣球寺院即是种植此品。

碧瞳
Aonohitomi

类别 原生常山选育
花形 只有孕性花
高度 1 米

让人难以想象的绣球花奇特花形，其实本品来自绣球的近亲'常山属'。蓝色孕性花，没有不孕花，非常独特。开放时好像粒粒蓝色的小珍珠，可以用于切花。

雾积
Kirizumi

类别 山 / 盆花
花形 单瓣球形
高度 0.6 米

白色圆球形花，名字来自原产地雾积高原，花白色，圆球形，与纤细的叶子相比更显得圆润可人。

白富士
Shirofuji

类别　山 / 盆花
花形　重瓣
高度　0.6 米

日本富士山区的自然变异种，叶子深绿，细长，花重瓣，白色，后期变绿，全部是不孕花，花梗细，垂吊向下开放。

白常山

类别　山 / 盆花
花形　单瓣
高度　0.6 米

花朵含苞时包在苞片内，好像一个个小小的圆球，打开后露出白色花，花瓣薄，半透明，甚是清秀。特别适合日式苔玉或盆景的一款品种。

虾夷绣球

H. serrata var. yezoensis

类别 原生
花形 单瓣
高度 1 米

北海道地区原生种，蓝色单瓣，平顶花，叶子大，强健。耐寒性佳，常做育种亲本用。

富士之泷

Fujinotaki

类别 山 / 盆花
花形 单瓣
高度 0.6 米

富士山区自然变异种，花瓣圆，重瓣，层叠开放好像折纸花。

宵之星

类别 园艺
花形 单瓣
高度 0.6 米

加茂菖蒲园作品。深紫色或深红色，带有白色条纹，育种者加茂说本品性质比普通山绣球弱，耐寒性也稍差，适合在日式庭院的荫蔽处等待它慢慢成长。

栎叶、圆锥
和乔木绣球

栎叶绣球 '雪花'

Hydrangea quercifolia
'Snowflake'

类别　园艺 / 盆花
花形　重瓣
高度　1~2 米

初

大型圆锥形花序，长度可达 30 厘米，非常华美，可以持续很长时间。初期白色，后期转红，耐旱，强健，也是栽培最多的栎叶绣球。

栎叶绣球

Hydrangea quercifolia

类别　园艺
花形　重瓣
高度　1~2 米

初

叶子掌状开裂，形似栎树叶，秋冬季会变成艳丽的红色。枝干和新芽带有棕色绒毛。大型圆锥花序，白色，单瓣，栎叶绣球的耐旱性比其他绣球强。

栎叶绣球 '和谐'
Hydrangea quercifolia
'Harmony'

类别 园艺 / 盆花
花形 重瓣
高度 1~2 米

栎叶绣球中的新品，花序较短，有些接近圆形，花朵密集，更加紧凑。

'安娜贝拉'
Hydrangea arborescens
'Annabelle'

类别 园艺 / 盆花
花形 单瓣
高度 1~1.5 米

又名安娜贝尔，贝拉安娜。乔木绣球的代表品种，花大，单瓣聚集，好像一个个白色棒棒糖。花园和盆栽效果俱佳。

无敌 '安娜贝拉'
Incredible Annabelle

类别 园艺 / 盆花
花形 单瓣
高度 1~1.5 米

（初）

安娜贝拉的改良品种，花朵球更大，有时直径可达到 30 厘米，前期白色，后期变绿色。有时会倒伏，需要支撑。

粉色 '安娜贝拉'
Pink Annabelle

类别 园艺 / 盆花
花形 单瓣
高度 1~1.5 米

（初）

'安娜贝拉'的改良品种，花球比白色'安娜贝拉'小很多，直径 10~15 厘米，初开玫瑰红，后期变深红。

星尘
Star Dust

类别 园艺 / 盆花
花形 重瓣
高度 1~1.5 米

（初）

'安娜贝拉'的重瓣品种，花细小，集群成不规则的圆形，非常独特。

圆锥绣球
Hydrangea paniculata

类别 原生种
花形 单瓣
高度 1~1.5 米

（初）

圆锥绣球的原生品种，白色花，单瓣，集成圆锥形花序，可在枝头持续很久。

香草草莓
Vanille Fraise

类别　园艺
花形　单瓣
高度　1~1.5 米

圆锥绣球的新品种，在北方寒冷地区可以开出淡粉色的圆锥圆锥花，后期花色变红，南方则因夏季炎热，花色偏白色。但是到了秋季会渐渐变成粉色。

小石灰灯
Limelight

类别　园艺 / 盆花
花形　单瓣
高度　1~1.5 米

圆锥绣球里的名品，花朵密集成椭圆形的花序，纯净的白色，入秋变冷后残花转为粉红色，观赏期很长。

雪化妆
Yukigeshou

类别 园艺
花形 单瓣
高度 1~1.5 米

初

圆锥绣球的花叶品种，叶子上带有黄色刷纹，花白色，单瓣。

白玉
Hydrangea paniculata

类别 园艺 / 盆花
花形 单瓣
高度 1~1.5 米

初

圆锥绣球的经典品种，白色花，单瓣，集成圆锥形花序，可在枝头持续很久。

藤绣球
Hydrangea petiolaris

类别 原生种
花形 单瓣
高度 5 米

藤本绣球，原生于中国东北等亚州北部地区。从枝条生出气生根来沿着树木或墙壁攀缘，花白色，花环形，素雅美丽。

TiPS

它们也是绣球吗？

前文看过这么多千姿百态的绣球花品种，其中不乏完全让人想不到是绣球的形态。不过，园艺界还有一些植物的形态和绣球十分相似，很多还冠以绣球之名，其中最常见的就是忍冬科荚蒾属植物。下面我们就来看看这些很像绣球但又不是绣球的植物吧！

中华木绣球
Viburnum macrocephalum

花形 单瓣、球形花
高度 4~5 米

落叶或半常绿灌木，高达 4 米；芽、幼枝、叶柄及花序均密被灰白色或黄白色簇状短毛，聚伞花序直径 8~15 厘米，全部由大型不孕花组成，花冠白色，花期 4~5 月。是近年来比较常见的绿化园艺种，江苏、浙江、江西和河北等省均有栽培。

雪球荚蒾
Viburnum plicatum

花形 单瓣、球形花
高度 4~5 米

又作粉团荚蒾，粉团，为园艺种，落叶或半常绿灌木，我国长江流域栽培广泛栽培。喜光照，略耐荫，性强健，耐寒性不强。

欧洲荚蒾
Viburnum opulus

花形 花环形或球形花
高度 1.5~4 米

欧洲荚蒾又名欧洲木绣球，为忍冬科荚蒾属植物，具有很强的耐寒性、较强的耐旱能力，目前我国主要在北方有引种栽培。欧洲荚蒾的花序有两个类型一种是圆球形，另一种是平顶花环形。

欧洲荚蒾 '玫瑰'
Viburnum opulus 'Roseum'

花形 球形花
高度 2米

欧洲荚蒾中较为新颖的品种，花雪白，球形，叶子三浅裂，有些像葡萄叶。可以从植株较小时就开始开花。

园艺荚蒾'粉玛丽'
Vibrnum plicatum'Mary Milton'

花形 球形花
高度 2米

粉色花，球形聚集开放，株型比起绣球更具直立而少横张性，是近年来国外园艺界的新宠。

钻地风
Schizophragma integrifolia

又名岩绣球，原产于中国南部，生长在低海拔山坡的杂木林中或攀援在林缘的树上，亦有蔓延在大岩石上。性喜阳，耐半阴。花只有一片花瓣，十分有趣，有粉色和白色的园艺种。喜好湿润凉爽的环境以及富含腐殖质的酸性黄壤土。

小知识

怎么区分绣球和荚蒾？

- 绣球 4 瓣，荚蒾 5 瓣
- 绣球的花瓣是萼片，花后不落，荚蒾的花瓣是真花，花后就脱落了。

地中海荚迷
Viburnum tinus

常绿灌木，树冠呈球形。叶椭圆形，深绿色，叶长 10 厘米，聚伞花序，花蕾粉红色。

北方荚蒾
Viburnum hupehense
subsp. *septentrionale*

冬芽无毛，叶较宽，圆卵形或倒卵形。上面被白色简单或叉状伏毛，下面有黄白色腺点，花冠有时无毛。分布于河北、山西、陕西南部、甘肃南部、河南西部、湖北西北部和四川东北部。

皱叶荚蒾

Viburnum rhytidophyllum

花形 伞形
高度 4 米

粗壮的体型，全体被厚绒毛，叶革质，叶面呈明显皱纹状，卵状矩圆形至卵状披针形，全缘或有不明显小齿，幼时疏被簇状柔毛，后变无毛。果实红色，后变黑色。分布于陕西南部、湖北西部、四川东部和东南部及贵州。

蝴蝶荚蒾

Viburnum plicatum var.
tomentosum

又叫蝴蝶戏珠花，叶较狭，卵形。花序外围有 4~6 朵白色、大型的不孕花，具长花梗。分布于产陕西南部、安徽南部和西部、浙江、江西、福建、台湾、河南、湖北、湖南、广东北部、广西东北部、四川、贵州及云南。

合轴荚蒾

Viburnum sympodiale

花形　花环形
高度　10 米

叶纸质，卵形，边缘有不规则牙齿状尖锯齿。花开后几无毛，周围有大型、白色的不孕花。分布于陕西南部、甘肃南部、安徽南部、浙江、江西、福建北部、台湾、湖北西部、湖南、广东北部、广西东北部、四川东部至西部、贵州及云南东南部、东北部和西北部。

鸡树条

Viburnum opulus var.
calvescens f. *calvescens*

花形　花环形
高度　4 米

树皮质厚。小枝、叶柄和总花梗均无毛。叶下面仅脉腋集聚簇状毛或有时脉上亦有少数长伏毛。分布于黑龙江、吉林、辽宁、河北北部、山西、陕西南部、甘肃南部，河南西部、山东、安徽南部和西部、浙江西北部、江西（黄龙山）、湖北和四川。

图书在版编目（CIP）数据

绣球初学者手册/花园实验室著． —北京 ：
中国农业出版社，2018.2
（扫码看视频．种花新手系列）
ISBN 978-7-109-23828-2

Ⅰ．①绣… Ⅱ．①花… Ⅲ．①虎耳草科－观赏园艺－
手册 Ⅳ．①S685.99-62

中国版本图书馆CIP数据核字(2018)第001615号

中国农业出版社出版
（北京市朝阳区麦子店街18号楼）
（邮政编码 100125）
责任编辑 郭晨茜 孟令洋

北京中科印刷有限公司印刷 新华书店北京发行所发行
2018年2月第1版 2018年2月北京第1次印刷

开本：700mm×1000mm 1/16 印张：10.25
字数：260千字
定价：49.00 元
（凡本版图书出现印刷、装订错误，请向出版社发行部调换）